·农民致富关键技术问答丛书·

黄瓜亩产万元关键技术问答

文冰清　孔娟娟　郭书普　编著

北京市科学技术协会支持出版

中国林业出版社

本书使用说明

● 本书配有 VCD 光盘，光盘与图书结合，充分发挥图书和视频的各自优势，生动直观，实用性强。

● 光盘中的视频目录一目了然，通过操作很容易切换相应的视频。

● 通过图书目录可检索光盘中相应的视频内容。

● 通过光盘视频目录，可检索光盘视频所讲内容在书中的位置。

图书在版编目（CIP）数据

黄瓜亩产万元关键技术问答/文冰清，孔娟娟，郭书普 编著．
－北京：中国林业出版社，2008.3（2009.1重印）
（农民致富关键技术问答丛书）
ISBN 978－7－5038－4642－7

Ⅰ．黄…　Ⅱ．①文…②孔…③郭…　Ⅲ．黄瓜亩产－蔬菜园艺－问答　Ⅳ．S642.2－44

中国版本图书馆 CIP 数据核字（2007）第 195820 号

出版：中国林业出版社（100009　北京市西城区刘海胡同 7 号）
网址：http：//www. cfph. com. cn
E-mail：public. bta. net. cn　电话：66184477
发行：新华书店北京发行所
印刷：北京昌平百善印刷厂
版次：2008 年 1 月第 1 版
印次：2009 年 1 月第 2 次
开本：850mm×1168mm　1/32
定价：15. 00 元
（随书赠 VCD 光盘）

前 言

黄瓜食用方便，富含维生素 A、C 以及多种有益矿物质，是我国的主栽蔬菜作物之一，面积迅速扩大，品种更加丰富，栽培茬口划分更加细致，并实现了周年生产。

截止 2006 年底，我国的黄瓜栽培面积已达 2000 多万亩，占全国蔬菜面积的 10% 左右。目前，几乎在每一个省、每一个大城市周围都有一些大的黄瓜生产基地，如山东的寿光、苍山地区，辽宁的凌源、铁岭地区，安徽的和县，广东的徐闻，海南三亚，云南元谋、建水等地。随着设施园艺的发展，我国保护地黄瓜发展势头迅猛，已占到了目前黄瓜种植面积的 42% 左右。

我国黄瓜新品种经历了两次大的更新。早在 20 世纪 70 年代，以“津研 4 号”为代表的津研系列黄瓜品种，该品种集高产、抗病于一体，在生产上迅速推广应用，并成为当时的主栽品种。80 年代天津市黄瓜研究所又育成“津春”系列黄瓜品种，经过近 10 年的推广应用，取代津研系列黄瓜品种而成为我国目前黄瓜的主栽品种，栽培面积占总面积的 30% 以上。

另外，为了适应环保的要求，与国际市场接轨，一些光滑型、环保型黄瓜，在我国有一定的栽培面积。一些国外的黄瓜，如以色列类型的黄瓜和荷兰类型的黄瓜，作为特菜，在我国的一些开发园区内也有种植。

我国是大陆性季风气候国家，有着多种黄瓜栽培茬口，如春大棚种植、春露地育苗种植、春露地直播种植、夏露地种植、秋露地种植、秋大棚种植、秋延后温室种植、越冬日光温室种植、早春温室种植、冬露地种植。

本书针对生产上存在的一些难点，就怎样了解和把握黄瓜市场、种好黄瓜要掌握哪些知识、种植前要做好哪些准备、怎样选择适宜的黄瓜品种、怎样培育黄瓜壮苗、怎样搞好黄瓜的栽培管理，以及怎样无公害防治黄瓜病虫害等方面的问题，一一作了回答，希望为黄瓜种植者提供一个解决问题的线索，希望为广大菜农提供一些服务。

限于作者的水平，加上受到时间、篇幅的限制，疏漏、谬误之处在所难免，恳请广大读者批评指正。

在编写本书的过程中，参阅了大量文献资料，在此一并向各位同仁表示感谢。

编著者

2007 年 8 月

目录

前言

1 黄瓜种植前的盘算

1 黄瓜的营养价值如何？ ……………………………（1）
2 黄瓜种植的效益如何？ ……………………………（2）
3 能举例介绍各地种植黄瓜增收的例子吗？ …………（2）
4 无刺黄瓜的发展前景如何？ ………………………（3）

2 黄瓜种植常识

5 黄瓜根系有什么特点？对生长有什么影响？ ………（5）
6 黄瓜蔓叶有什么特点？对生长有什么影响？ ………（6）
7 黄瓜花、果和种子有什么特点？对生长有什么影响？ ……………………………………………………（7）
8 黄瓜结果有什么特点？ ……………………………（7）
9 黄瓜不同生长发育期各有什么特点？栽培上要注意哪些问题？ ……………………………………………（8）
10 黄瓜生长发育对温度有什么要求？ ………………（9）
11 昼夜温差对黄瓜生长发育有什么影响？ …………（10）
12 黄瓜生长发育对水分有什么要求？ ………………（11）
13 黄瓜生长发育对光照有什么要求？ ………………（12）
14 黄瓜对肥料要求有什么特点？ ……………………（13）
15 氮肥对黄瓜生长发育有什么影响？ ………………（14）
16 磷肥对黄瓜生长发育有什么影响？ ………………（14）

17 钾肥对黄瓜生长发育有什么影响？…………………（15）
18 钙对黄瓜生长发育有什么影响？…………………（15）
19 黄瓜生长发育对气体有什么要求？………………（16）
20 怎样调节黄瓜的性型分化，增加雌花比例？………（16）

3 黄瓜种植前的准备

21 黄瓜种植的茬口安排应遵循什么原则？……………（18）
22 怎样安排黄瓜保护地栽培茬口？…………………（18）
23 怎样安排黄瓜露地栽培茬口？……………………（20）
24 怎样选择黄瓜种植地块？…………………………（20）
25 普通型日光温室有什么特点？（视频 1） ……（20）
26 节能型日光温室有什么特点？（视频 2） ……（21）
27 建造日光温室选择什么样的地块好？应在什么时候建造？（视频 3） ……………………………（22）
28 怎样确定日光温室建造的方位和布局？（视频 4）…………………………………………………（22）
29 日光温室的室内面积以多大为宜？………………（23）
30 怎样确定日光温室跨度与脊高？…………………（23）
31 怎样建造日光温室的采光屋面？…………………（24）
32 建造日光温室的后坡、后墙和山墙要注意哪些问题？…………………………………………………（24）
33 日光温室防寒沟和蓄水池有什么作用？如何建造？…………………………………………………（25）
34 塑料大棚有哪些类型？各有什么特点？……………（26）
35 什么是简易竹木结构单栋大棚？有什么特点？（视频 5） ……………………………………（27）
36 什么是镀锌钢管加毛竹片混合结构大棚？有什么特点？…………………………………………………（27）

37 什么是装配式镀锌薄壁钢管结构大棚？有什么特点？
…………………………………………………………（28）
38 什么是装配式涂塑钢管塑料大棚？有什么特点？
…………………………………………………………（28）
39 什么是连栋塑料大棚？有什么特点？ ………………（29）
40 建造塑料大棚要注意些什么？ ………………………（30）
41 怎样选择塑料薄膜？棚膜怎样覆盖？ ………………（30）

4 黄瓜的品种与选用

42 黄瓜品种分为哪几种类型？ …………………………（32）
43 黄瓜品种的选用要注意哪些问题？ …………………（33）
44 种植春大棚黄瓜应选用哪些品种？（视频 6）
…………………………………………………………（33）
45 种植春露地黄瓜应选用哪些品种？ …………………（34）
46 种植夏露地黄瓜应选用哪些品种？ …………………（34）
47 种植秋冬茬黄瓜应选用哪些品种？ …………………（34）
48 种植越冬茬黄瓜应选用哪些品种？ …………………（34）
49 种植早春茬黄瓜应选用哪些品种？ …………………（35）
50 新泰密刺黄瓜有什么特点？怎样种植？ ……………（35）
51 山东密刺黄瓜有什么特点？怎样种植？ ……………（36）
52 津优 2 号黄瓜有什么特点？怎样种植？ ……………（36）
53 津优 3 号黄瓜有什么特点？怎样种植？ ……………（37）
54 津优 5 号黄瓜有什么特点？怎样种植？ ……………（38）
55 津优 10 号黄瓜有什么特点？怎样种植？ …………（38）
56 津优 20 号黄瓜有什么特点？怎样种植？ …………（39）
57 津优 21 号黄瓜有什么特点？怎样种植？ …………（40）
58 津优 31 号黄瓜有什么特点？怎样种植？ …………（40）
59 津优 32 号黄瓜有什么特点？怎样种植？ …………（41）

60 津育 5 号黄瓜有什么特点？怎样种植？……………（42）
61 津绿 2 号黄瓜有什么特点？怎样种植？……………（42）
62 津春 3 号黄瓜有什么特点？怎样种植？……………（43）
63 中农 9 号黄瓜有什么特点？怎样种植？……………（43）
64 中农 12 号黄瓜有什么特点？怎样种植？…………（44）
65 中农 13 号黄瓜有什么特点？怎样种植？…………（45）
66 夏秋 1 号黄瓜有什么特点？怎样种植？……………（46）
67 无籽黄瓜山农 1 号有什么特点？怎样种植？………（46）
68 京乐 5 号无刺黄瓜有什么特点？怎样种植？………（47）
69 京乐 1 号无刺黄瓜有什么特点？怎样种植？………（47）
70 京乐 168 无刺黄瓜有什么特点？怎样种植？………（48）
71 戴多星无刺黄瓜有什么特点？怎样种植？…………（48）
72 康德无刺黄瓜有什么特点？怎样种植？……………（49）
73 春光 2 号无刺黄瓜有什么特点？怎样种植？………（49）
74 拉迪特无刺黄瓜有什么特点？怎样种植？…………（50）
75 中农 19 号无刺黄瓜有什么特点？怎样种植？ ……（50）
76 新世纪无刺黄瓜有什么特点？怎样种植？…………（51）

5 黄瓜的育苗

77 黄瓜苗期生长发育对温度有什么要求？……………（53）
78 黄瓜苗期生长发育对光照有什么要求？……………（53）
79 黄瓜苗期生长发育对水分有什么要求？……………（53）
80 黄瓜苗期生长发育对二氧化碳浓度有什么要求？
……………………………………………………………（54）
81 冷床育苗有什么特点？ ……………………………（54）
82 电热温床育苗有什么特点？（视频 7） ………（55）
83 夏季育苗为什么要搭建遮阳防雨棚？（视频 8）
……………………………………………………………（56）

84 黄瓜育苗时怎样配制营养土？……………………（56）
85 怎样进行床土消毒？（视频9） ……………………（57）
86 怎样确定黄瓜的播种期？…………………………（57）
87 怎样进行黄瓜种子消毒？…………………………（59）
88 怎样进行黄瓜种子浸种催芽？（视频10） ……（60）
89 黄瓜播种时应注意哪些环节？……………………（60）
90 黄瓜嫁接方法有哪几种？（视频11） …………（60）
91 怎样培育黄瓜嫁接苗？……………………………（62）
92 冬春茬嫁接黄瓜如何调控温湿度？………………（62）
93 怎样用穴盘工厂化培育黄瓜嫁接苗？……………（63）
94 怎样进行黄瓜断根嫁接工厂化穴盘育苗？………（64）
95 低温炼苗有哪几种方式？技术环节如何把握？……（65）
96 黄瓜苗嫁接后怎样管理？…………………………（66）

6 黄瓜的栽培管理

97 棚室中的光照有什么特点？怎样调控？……………（68）
98 棚室中的温度有什么特点？怎样调控？……………（68）
99 棚室中的湿度有什么特点？怎样调控？……………（69）
100 棚室中为什么要施二氧化碳肥？ …………………（70）
101 棚室中增施二氧化碳肥主要有哪些方法？各有什么特点？（视频12） ………………………………（70）
102 怎样克服日光温室中土壤盐渍化的问题？ ………（71）
103 黄瓜播种出苗期要保持什么样的温度？ …………（71）
104 黄瓜移苗期怎样管理？……………………………（72）
105 黄瓜成苗期怎样管理？……………………………（73）
106 黄瓜定植时要注意哪些问题？（视频13） ……（73）
107 黄瓜生长期怎样浇水施肥？ ………………………（74）
108 黄瓜生长期怎样调控温度和湿度？ ………………（74）

109 不同类型的棚室怎样选择黄瓜整枝方式？（视频 14）……（76）
110 棚室栽培黄瓜在不同季节怎样选择整枝方式？…（76）
111 黄瓜生长期如何整枝绑蔓？（视频 15）……（77）
112 怎样依据叶片的生长状况来管理棚室黄瓜？……（77）

7 黄瓜综合栽培技术

113 黄瓜春提早栽培怎样准备苗床？……（79）
114 黄瓜春提早栽培浸种催芽有什么讲究？……（80）
115 黄瓜春提早栽培播种有什么讲究？……（80）
116 黄瓜春提早栽培怎样培育适龄壮苗？……（81）
117 黄瓜春提早栽培在定植前要做哪些准备工作？…（81）
118 黄瓜春提早栽培在定植时要注意哪些问题？……（82）
119 黄瓜春提早栽培如何管理棚室内的温度？……（82）
120 黄瓜春提早栽培怎样浇水施肥？……（82）
121 黄瓜春提早栽培怎样调整植株？……（83）
122 早春棚室中如何补充二氧化碳？在补充时要注意哪些问题？……（83）
123 早春黄瓜主要有哪些病虫害？如何防治？……（84）
124 秋延后大棚栽培有什么特点？生产上主要选择什么品种？……（85）
125 怎样确定黄瓜秋延后大棚栽培的播种期？……（86）
126 黄瓜秋延后栽培如何播种？直播苗如何管理？…（86）
127 黄瓜秋延后集中育苗如何管理？……（87）
128 黄瓜秋延后栽培怎样进行田间管理？……（87）
129 黄瓜秋延后栽培怎样施肥浇水？……（88）
130 黄瓜秋延后栽培怎样进行植株调整？（视频 16）……（88）

131 怎样防止秋延后大棚黄瓜疯长？ ……………………（89）
132 黄瓜秋延后栽培采收有什么讲究？ …………………（90）
133 黄瓜秋延后栽培病虫害发生有什么特点？ ………（90）
134 怎样确定黄瓜秋冬茬栽培的播种期？ ……………（91）
135 秋冬茬黄瓜播种育苗有哪些方法？ ………………（91）
136 秋冬茬黄瓜怎样培育壮苗？ …………………………（92）
137 秋冬茬黄瓜定植时要注意哪些问题？ ……………（93）
138 秋冬茬黄瓜怎样进行温度管理？ …………………（93）
139 黄瓜秋冬茬栽培怎样施肥浇水？ …………………（94）
140 黄瓜秋冬茬栽培怎样进行植株调整？ ……………（95）
141 秋冬茬黄瓜采收有什么讲究？ ………………………（95）
142 越冬茬黄瓜在播种前种子要做怎样的处理？ ……（96）
143 越冬茬黄瓜育苗用的营养土如何配制？ …………（97）
144 越冬茬黄瓜怎样播种？ ………………………………（97）
145 怎样掌握越冬茬黄瓜定植时期？ …………………（97）
146 越冬茬黄瓜定植前怎样整地？ ………………………（98）
147 怎样提高越冬茬黄瓜定植的成活率？ ……………（99）
148 越冬茬黄瓜定植后如何调节棚室内温度？ ………（99）
149 越冬茬黄瓜定植后如何调节棚室内水分？ ………（100）
150 越冬茬黄瓜生长期如何施肥？ ……………………（101）
151 越冬茬黄瓜生长期如何调整植株？（视频 17）
……………………………………………………………（101）
152 越冬茬黄瓜怎样进行人工授粉？（视频 18）
……………………………………………………………（102）
153 越冬茬黄瓜遇连阴天怎样进行田间管理？ ………（102）
154 越冬茬黄瓜采摘有何讲究？（视频 19） ……（103）
155 早春茬黄瓜育苗前要做哪些准备工作？ …………（104）
156 早春茬黄瓜怎样安排育苗时间？怎样浸种催芽？…（105）

157　早春茬黄瓜播种时有哪些要点？………………(105)
158　早春茬黄瓜的壮苗有什么标准？怎样培育壮苗？
……………………………………………………(106)
159　早春茬黄瓜怎样整地做畦？怎样进行棚室消毒？
（视频 20）…………………………………………(107)
160　早春茬黄瓜选择什么时间定植好？……………(107)
161　早春茬黄瓜按什么密度定植好？定植时要注意什么？
……………………………………………………(108)
162　早春茬黄瓜各生长发育期有什么特点？怎样把握
管理要点？………………………………………(108)
163　早春茬黄瓜大田种植期怎样科学调节温度？……(109)
164　早春茬黄瓜大田种植期怎样科学施肥？…………(110)
165　早春茬黄瓜大田种植期怎样科学浇水？…………(111)
166　早春茬黄瓜生长中期怎样调节光照？……………(111)
167　早春茬黄瓜大田种植期怎样进行植株管理？……(112)
168　早春茬黄瓜怎样采收？……………………………(113)
169　露地春黄瓜应选用什么品种？怎样培育壮苗？
（视频 21）…………………………………………(114)
170　露地春黄瓜定植前要做哪些准备？………………(114)
171　露地春黄瓜怎样定植？……………………………(114)
172　露地春黄瓜定植后怎样进行肥水管理？…………(115)
173　露地春黄瓜定植后怎样进行植株管理？…………(116)
174　夏秋季露地黄瓜应选用什么品种？怎样培育壮苗？
……………………………………………………(117)
175　夏秋季露地黄瓜种植的技术要点有哪些？………(117)
176　夏秋季露地黄瓜病虫害发生有什么特点？怎样防治？
……………………………………………………(118)
177　夏秋季黄瓜起霜是什么原因？怎样预防？………(118)

178 水果型黄瓜有机栽培怎样准备温室？…………（119）
179 水果型黄瓜有机栽培怎样培育壮苗？…………（119）
180 水果型黄瓜有机栽培在定植后怎样管理？………（120）
181 水果型黄瓜有机栽培怎样防治病虫害？…………（121）
182 水果型黄瓜在何时采收？（视频 22）…………（122）
183 夏季大棚种植水果型黄瓜怎样播种育苗？………（122）
184 夏季大棚种植水果型黄瓜怎样进行田间管理？…（123）
185 夏季大棚种植水果型黄瓜怎样防治病虫害？……（123）

8 黄瓜病虫害的防治

186 黄瓜生产中可以采取哪些农业措施防治病害？
………………………………………………………（125）
187 什么是物理防治？黄瓜生产上常采取哪些物理措施防治病虫？（视频 23）……………………（126）
188 棚室黄瓜常见的药害有哪些？药害主要是什么原因引起的？………………………………………（127）
189 烟剂农药有哪些特点？可以防治哪些病虫害？
………………………………………………………（128）
190 棚室中如何施放烟剂农药？（视频 24）………（129）
191 黄瓜为什么会有苦味？如何防治？……………（130）
192 黄瓜畸形瓜是怎样产生的？……………………（131）
193 怎样防止黄瓜形成畸形瓜？（视频 25）………（132）
194 黄瓜为什么会化瓜？怎样预防棚室黄瓜化瓜？
（视频 26）…………………………………………（133）
195 什么是黄瓜花打顶？为什么会发生花打顶？……（133）
196 怎样预防和解除黄瓜花打顶？…………………（134）
197 黄瓜生长点逐渐变小至最终消失是什么原因？
………………………………………………………（135）

198 棚室栽培黄瓜的茎蔓上常出现流胶，并且引起死秧是咋回事？……………………………………………（136）
199 黄瓜病毒病有什么特点？如何防治？（视频 27）……………………………………………………（137）
200 黄瓜青枯病有什么特点？如何防治？（视频 27）……………………………………………………（138）
201 黄瓜细菌性角斑病有什么特点？如何防治？（视频 27）……………………………………（138）
202 黄瓜细菌性缘枯病有什么特点？如何防治？（视频 27）……………………………………（139）
203 黄瓜细菌性圆斑病有什么特点？如何防治？（视频 27）……………………………………（140）
204 黄瓜根结线虫病有什么特点？如何防治？（视频 27）……………………………………………………（140）
205 黄瓜猝倒病有什么特点？如何防治？（视频 27）……………………………………………………（141）
206 黄瓜霜霉病有什么特点？如何防治？（视频 27）……………………………………………………（142）
207 黄瓜白粉病有什么特点？如何防治？（视频 27）……………………………………………………（143）
208 黄瓜红粉病有什么特点？如何防治？（视频 27）……………………………………………………（144）
209 黄瓜菌核病有什么特点？如何防治？（视频 27）……………………………………………………（145）
210 黄瓜灰霉病有什么特点？如何防治？（视频 27）……………………………………………………（146）
211 黄瓜黑星病有什么特点？如何防治？……………（147）
212 黄瓜疫病有什么特点？如何防治？（视频 27）…（148）

213 黄瓜枯萎病有什么特点？如何防治？（视频27）……（150）
214 黄瓜蔓枯病有什么特点？如何防治？（视频27）……（150）
215 黄瓜叶烧病有什么特点？如何防治？（视频27）……（151）
216 黄瓜为什么会出现僵苗？怎样预防？……（152）
217 黄瓜为什么会出现沤根？怎样预防？……（152）
218 黄瓜苗期徒长是什么原因？怎样预防？……（153）
219 黄瓜沿叶脉出现许多小褐色斑是什么原因？怎样预防？……（153）
220 怎样解决温室黄瓜高温障碍？……（154）
221 保护地黄瓜出现异常长相怎样矫正？……（155）
222 怎样识别瓜蚜？发生有什么特点？如何防治？……（156）
223 怎样识别温室白粉虱？发生有什么特点？如何防治？（视频28）……（158）
224 怎样识别烟粉虱？发生有什么特点？如何防治？（视频28）……（159）
225 怎样识别美洲斑潜蝇？发生有什么特点？如何防治？（视频28）……（160）
226 怎样识别瓜绢螟？发生有什么特点？如何防治？（视频28）……（161）

附录：中华人民共和国农业行业标准（NY/T5075—2002 无公害食品 黄瓜生产技术规程）……（163）
参考文献……（170）

《黄瓜亩产万元关键技术问答》光盘视频目录

视频 1　普通型日光温室有什么特点？（本书第 25 问）
视频 2　节能型日光温室有什么特点？（本书第 26 问）
视频 3　建造日光温室选择什么样的地块好？（本书第 27 问）
视频 4　怎样确定日光温室建造的方位和布局？（本书第 28 问）
视频 5　简易竹木结构单栋大棚有什么特点？（本书第 35 问）
视频 6　种植春大棚黄瓜应选用哪些品种？（本书第 44 问）
视频 7　电热温床的建造方法是怎样的？（本书第 82 问）
视频 8　夏季育苗如何搭建遮阳防雨棚？（本书第 83 问）
视频 9　怎样进行床土消毒？（本书第 85 问）
视频 10　怎样进行黄瓜种子浸种催芽？（本书第 88 问）
视频 11　如何对黄瓜进行嫁接？（本书第 90 问）
视频 12　如何对棚室增施二氧化碳肥？（本书第 101 问）
视频 13　大棚黄瓜定植时要注意哪些问题？（本书第 106 问）
视频 14　塑料大棚栽培黄瓜可以采取哪种整枝方式？（本书第 109 问）
视频 15　黄瓜生长期如何进行插架绑蔓？（本书第 111 问）
视频 16　黄瓜秋延后栽培怎样进行植株调整？（本书第 130 问）
视频 17　越冬茬黄瓜生长期如何拉绳吊蔓？（本书第 151 问）
视频 18　越冬茬黄瓜怎样进行人工授粉？（本书第 152 问）

视频 19　越冬茬黄瓜应掌握在何时采收？（本书第 154 问）
视频 20　早春茬黄瓜怎样整地做畦？怎样进行棚室消毒？（本书第 159 问）
视频 21　露地春黄瓜应选用什么品种？（本书第 169 问）
视频 22　水果型黄瓜在何时采收？（本书第 182 问）
视频 23　黄瓜生产上常采取哪些物理措施防治病虫？（本书第 187 问）
视频 24　棚室中如何施放烟剂农药？（本书第 190 问）
视频 25　怎样预防畸形瓜的形成？（本书第 193 问）
视频 26　黄瓜化瓜是指什么？（本书第 194 问）
视频 27　黄瓜主要病害有哪些以及如何识别？（本书第 199～215 问）
视频 28　黄瓜主要虫害有哪些以及如何识别？（本书第 223～226 问）

1

黄瓜种植前的盘算

黄瓜是全球性的大众化的重要蔬菜，其栽培面积仅次于番茄、甘蓝和洋葱，排列第四位。黄瓜生育周期短，结果早，产量高，适合大众口味，市场销路广。利用日光温室栽培，黄瓜亩产量可达到8000～10 000千克。随着园艺设施的不断发展，生产技术的不断提高，栽培黄瓜的效益也不断提高，为农民开辟了一条致富的新路。

1 黄瓜的营养价值如何?

黄瓜既是蔬菜又是水果，营养丰富，不仅是大众化的蔬菜，而且具有食疗价值。新鲜黄瓜含水分90%左右，含有丰富的钾、铁、磷等和胡萝卜素、维生素C。黄瓜中的纤维素能促进肠蠕动，对加快排泄和降低胆固醇有一定作用。鲜黄瓜内还含有丙醇二酸，可以抑制糖类物质转化为脂肪，所以食用黄瓜既可充饥又不使人肥胖，故有人称黄瓜为减肥食品。肥胖者、高血脂、高血压患者，多吃黄瓜都有好处。

黄瓜当水果生吃，不宜过多。因黄瓜中维生素较少，常吃黄瓜应同时吃些其他的蔬果。有肝病、心血管病、肠胃病以及高血压的人都不要吃腌黄瓜。对于脾胃虚弱、腹痛腹泻、肺寒咳嗽者都应少吃。

2 黄瓜种植的效益如何？

黄瓜喜湿、耐弱光，特别适宜保护地栽培，是目前棚室蔬菜栽培中最大的一种，其中越冬栽培的黄瓜，可以从元月份开始大量上市，一直可供应到5～6月份，不仅可以丰富冬春蔬菜淡季的花色品种，其经济效益也十分明显。春秋两季采用棚室内进行黄瓜春提早和秋延迟连作栽培，生产效益也十分可观。

棚室黄瓜栽培技术已相对成熟，重点是要选择适宜的品种。例如，采用日光温室种植越冬茬津绿3号黄瓜，于9月底至10月初播种，第二年5～6月份拉秧，收获期长达4～5个月，一个生长季每株黄瓜可以长到80节以上，结30条黄瓜，一般单瓜重为150克，每个瓜秧可以结4.5千克黄瓜，每亩种植3500株，每亩产量可以达到15 750千克。山东寿光市稻田镇马寨村从2000年以来一直用越冬日光温室种植津绿3号这个品种，每年亩产量都可以达到1.5万千克以上，最高亩产量可达2.5万千克。

3 能举例介绍各地种植黄瓜增收的例子吗？

这里椐根不同的地区，举例介绍种植黄瓜增产增收的经验。

东北地区　辽宁省海城地处北纬40°59′，年平均气温8.4℃，冬季12月份至第二年2月的平均气温为－7.9℃，最低气温－28～－30℃，在这样的寒冷气候条件下，采用日光温室种植越冬黄瓜，生产时间从10月初到第二年的5月末，共240天左右，亩产可达13 500千克。通辽市科左中旗选利用大棚种植春黄瓜，亩产达6000万千克，5个月左右的时间，亩效益达到4800多元。

华北地区　河北省蔬菜之乡昌黎县靖安镇马芳营村的日光温室黄瓜基地，面积10 000亩，年产量10 000万千克，亩效益达到万元以上，并基本上能满足周年供应。引进的以色列无刺黄瓜“萨瑞格 HA-454”，9 月下旬播种，11 月下旬开始采收，直到第二年 8 月份拉秧，采收期长达 8 ~ 9 个月，每栋日光温室(0.5 ~ 0.6 亩)收入高达 23 000 元，折合亩收入 38 000 元。

西北地区 宁夏利通区早元乡洼渠村采用塑料大棚春黄瓜复种豆角，并形成规模种植，亩产值达 8000 元，一农户采用此种植模式，黄瓜亩产值达 7214 元，豆角亩产值达 2925 元，每亩总计产值达 10 139 元。

华东地区 山东省宁津县一农户利用大棚种植黄瓜，采用秸秆生物反应堆技术，结出的黄瓜绿亮，病害少，瓜条直，价格平均每千克多卖 0.2 ~ 0.4 元，大棚面积 595 平方米，收入达到 2.5 万元。江苏淮安市利用日光温室种植冬黄瓜，平均亩效益 7000 元。上海市奉贤区推广嫁接黄瓜 130 棚，并推广应用新农药、新肥料、杀虫灯、防虫网等新技术，每棚效益 4500 ~ 5000 元。利用大棚的闲置期种植越夏黄瓜，一般每亩可产 5000 千克以上，收入 4000 元左右。

4 无刺黄瓜的发展前景如何?

无刺黄瓜属于一种短果类型的黄瓜，又称水果黄瓜、迷你黄瓜、小黄瓜等。无刺黄瓜节成果性好，每节坐瓜 1 个以上。果实为短棒形，有棱或微棱，瓜型短小，一般为 14 ~ 18 厘米，直径约 3 厘米，重 100 克左右，瓜色墨绿或绿色，表皮柔嫩、光滑、色泽均匀、口感脆嫩、瓜味浓郁、品质上乘，更加适于鲜食；表面光滑无刺，利于清洗包装，深受中高档餐饮业的青睐。

利用日光温室和大棚栽植无刺黄瓜，每亩收益在 1 万 ~ 6 万元，栽培面积呈逐年上升趋势。目前，国内的迷你黄瓜主要栽培品种有：京乐系列、京研系列、以色列系列等。

特别提示

黄瓜种植效益高，栽培方式很重要。
品种选择要对路，安全生产更重要。

2

黄 瓜 种 植 常 识

5 黄瓜根系有什么特点？对生长有什么影响？

黄瓜的根系是一种浅根系植物，入土浅，通常主根向地下伸长，并且不断地分生侧根。但在侧根中，只有根基部粗壮部分所分生的侧根比较强壮，向四周水平伸展，与主根一起形成骨干根群。主要根群分布在 15 ~ 25 厘米的耕层内。黄瓜根系再生能力弱，吸收能力差，对氧要求严格。表层土壤空气充足，有利于根系有氧呼吸，促进根系生长发育和对氮、磷、钾等矿质养分的吸收。因此，黄瓜定植时宜浅栽，切勿深栽。农谚“黄瓜露坨，茄子没脖”，且定植后勤中耕松土，促进根系生长是有科学依据的。

黄瓜根系木质化程度高，发生木质化时间早，伤根后难以再生。因此，黄瓜定植时，要护好根，保护幼苗土坨完整，可提高成活率，缩短缓苗期，为早熟高产奠定基础。

黄瓜根系适应的土壤溶液为中性偏酸，耐盐能力差，不耐旱，喜肥但不耐肥，施肥过量，尤其是化肥过量，水分不足时易引起烧根。因此，种植黄瓜宜以有机肥为主。

黄瓜茎基部有生不定根的能力，尤其是幼苗，生不定根的能力强。不定根有助于黄瓜吸收肥水，因此，栽培上有“点水诱根”之说。在栽培过程中，茎基部经常形成一些根原基，采取有效措施，创造适宜诱根环境，促其根原基发育成不定根，有助于植株生长发育。

特别提示

黄瓜根系浅，易断易折易老化，难发新根，对土、肥、水以及微生物等条件的选择较严，而吸收能力并不高。因此，要求栽培的土壤肥沃熟化，以沙壤土或壤土较好。

6 黄瓜蔓叶有什么特点？对生长有什么影响？

黄瓜蔓细，节间较长，无限生长。节上生长柄、大叶。这种枝系，在栽培条件下，不能自然而合理的配布蔓叶，而且蔓叶脆弱，容易机械折断或磨伤。

黄瓜具有不同程度的顶端优势。顶端优势强的品种，分枝少，易在主蔓上结果。顶端优势弱的品种，分枝多，易侧枝结果。中间性品种，主侧枝均易结果。

黄瓜的长蔓品种，在优良环境中，主蔓长达 5 米。短蔓品种在不良条件下，主蔓长仅 1.5 米。通常茎粗 0.6 ~ 1.2 厘米，节间长 5 ~ 9 厘米。蔓横断面呈四棱或五棱形，表皮上分生刺毛。皮层的厚角组织较薄，双韧维管束分布松散；木质较小，髓腔较大，辐射展开，易折裂。

黄瓜叶为掌状全缘长柄大叶。叶片薄，表皮分生毛刺，保卫组织和薄壁组织不发达，易受机械损伤。叶腋有腋芽或花芽原基，抽蔓后出现卷须。

特别提示

黄瓜枝系蔓生，如果不能合理的配布蔓叶，茎蔓和叶片容易机械折断或磨伤。因此，在农事操作时，注意不要损伤植株。

7 黄瓜花、果和种子有什么特点？对生长有什么影响？

黄瓜花为退化型单性花，表现为花序已消失，形成腋生花簇。其次是每朵花于分化初期都有萼片、花冠、蜜腺、雄蕊和雌蕊的初生突起，具有两性花的原始形态特征。但于形成萼片与花冠之后，有的雌蕊退化，形成雄花，有的雄蕊退化，形成雌花，也有的雌雄蕊都有所发育，形成不同程度的两性花。黄瓜为虫媒花。

黄瓜的果实为假果，果形为筒形至长棒状，嫩果白色至绿色，熟果黄白色至棕黄色。短果形品种生长速度较慢，长果形品种较快。通常于开花后 8 ~ 18 天达商品成熟，生理成熟约需 45 天。

黄瓜栽培品种的千粒重 22 ~ 42 克。种子成熟时，表皮溶解为黏膜，故种皮为由厚壁细胞组成的下表皮。种子无生理休眠，但需后熟。种子发芽年限可达 4 ~ 5 年。

特别提示

黄瓜花为退化型单性花，可以通过人工调节方法形成雌花或雄花。黄瓜为虫媒花，棚室栽培时可以放蜂提高黄瓜坐果率。黄瓜开花后 8 ~ 18 天可以摘瓜上市。黄瓜种子采后不宜立即播种，有一个后熟过程。种子发芽年限可达 4 ~ 5 年。

8 黄瓜结果有什么特点？

花芽分化　通常早熟品种于种子发芽后 10 天，第一片真叶展开时，茎端已分化 7 ~ 8 节，而在 3 ~ 4 节的叶腋，出现花芽原基。其后由下而上连续的或周期分化花芽。诱导黄瓜花芽分化的外因主要是夜低温和光周期感应。

受精　黄瓜于黎明时开花。雄花同时开药，放出花粉。花粉寿命较短，在高温期，开花后 4 ~ 5 小时即丧失活性。但于开花前日下午，已具有发芽能力。雌花由开花前 2 日到开花次日都能授粉受精。通常由昆虫传粉于柱头的黏液上，吸水发芽。

结果 黄瓜有单性结果的特性。通常春黄瓜单性结实率较高，夏、秋黄瓜较低。温室和大棚栽培单性结实率高，露地栽培较低。壮株单性结实率较高；弱株较低。形成黄瓜单性结果特性的原因，为黄瓜子房中生长素含量较高，能控制营养的分配，支持果实的生长。但完全受精，不但受精当时提高子房中生长素含量，而且在种子发育过程中，又不断地形成生长素。所以，在温室、大棚栽培中，人工授粉有增产作用。子房发育不良，不完全受精或植株营养不良时，易产生大肚、蜂腰、长把、尖嘴等畸形果。单性结果时，果实易弯曲。

黄瓜果实由谢花至商品成熟间的日生长量，夜间较大，白天较小。夜间生长以傍晚较快，黎明较慢。其原因为傍晚时，叶片输出大量同化物质，当时气温又正适黄瓜果实的生长。果实达商品成熟的时间，小果品种较早，大果品种较晚。

特别提示

夜间低温，昼夜温差大，日照时间短，有利于形成雌花。黄瓜有单性结果的特性，但单性结果时，果实易弯曲。完全受精，有利于果实的生长。所以，在温室、大棚栽培中，人工授粉有增产作用。子房发育不良，不完全受精或植株营养不良时，易产生大肚、蜂腰、长把、尖嘴等畸形果。

9 黄瓜不同生长发育期各有什么特点？栽培上要注意哪些问题？

发芽期 发芽期是从播种后种子萌动到第一真叶出现，约需 5～6 天。发芽期应给予较高的温湿度和充分的光照，同时要及时分苗，以利成活，并防止徒长。

幼苗期 幼苗期是从真叶出现到真叶4～5片左右的定植期为止，约30天。幼苗期分化大量花芽，为黄瓜的前期产量奠定了基础。幼苗期营养生长与生殖生长同时并进，在温度与水肥管理方面应本着“促”、“控”结合的原则来进行。从生育诊断的角度来看，叶重/茎重比要大，地上部重与地下部重比要小，由于本期扩大叶面积和促进花芽分化是重点，所以首先要促进根系的发育。

初花期 初花期是从真叶4～5片定植开始，经历第一雌花出现，开放，到第一瓜坐住为止，约需25天左右。初花期花芽继续形成，花数不断增加。栽培上既要促使根系增强，又要扩大叶面积，确保花芽的数量和质量，并使之坐稳。

结果期 结果期是从第一果坐住，经过连续不断地开花结果，直到植株衰老，开花结实逐渐减少，以至拉秧为止。春黄瓜为30～60天，秋黄瓜一般为40多天。结果期的长短是产量高低的关键所在，因而应千方百计地延长其结果期。

特别提示

发芽期的管理重点是防止徒长。幼苗期的管理重点是促进根系的发育。初花期的管理重点是增加叶面积，但繁茂要适度。结果期的管理重点是要保持最适的叶面积指数，群体要达到最高程度的干物质产量。

10 黄瓜生长发育对温度有什么要求？

黄瓜健壮植株的冻死温度为－2～0℃。在未经低温锻炼和骤然降温条件下，2～3℃黄瓜就会冻死，5～10℃就会有寒害的可能。但如果经过低温锻炼，黄瓜则可忍受3℃乃至0～2℃的短时低温，所以苗期抗寒锻炼十分重要。通常黄瓜难以适应5℃以下的低温，10～12℃条件下生理活动失调，生长缓慢，或停止生育，所以常把10℃定为“黄瓜经济的最低温度”。

黄瓜根系的生长对地温有严格要求。地温低，根系吸水吸肥特别是吸收磷肥受到抑制。地上部分表现生长不良，叶色变黄。黄瓜根毛发生的最低温度是12～14℃，最高为38℃。黄瓜生长发育最适地温为25℃。当地温降至12℃以下，根系的生理活动就会受阻，一般地温比气温高5℃左右较好。在气温比适宜温度高的情况下，地温低一些对生育有好处。地温最高不可超过35℃，地温高时呼吸量增加较快。在25℃条件下根系呼吸量是15℃下的3倍，35℃时则为15℃的10倍以上；如达38℃以上，根系就会停止生长。

特别提示

黄瓜生长适宜温度为18～30℃。光合作用最适温度是25～32℃。长期处于5℃左右，黄瓜生长延迟和产生生理障碍。在光照不足、湿度较低和营养状况不良，尤其是二氧化碳浓度低时，黄瓜生长发育适宜温度会降低。黄瓜根毛发生的最低温度是12～14℃，最高为38℃。黄瓜生长发育最适地温为25℃。

11 昼夜温差对黄瓜生长发育有什么影响？

黄瓜生长发育还要求有一定的昼夜温差，一般以昼温25～30℃，夜温为13～15℃，昼夜温差10～15℃为宜，最适宜的昼夜温差为10℃左右。夜温之所以要低于昼温，首先是因为夜间不进行光合作用，不需要高温，而低温可以降低呼吸减少消耗。其次是夜间缺乏紫外线，温度过高，会引起徒长，甚至化瓜。再者，温度过高会影响光合产物运输。在栽培上最好在日落后4小时内，给以20℃的较高温度使光合产物迅速运转到果实中去。然后温度降至10～15℃左右，降低呼吸消耗。昼温应该有所变化，上午光照充足，空气中二氧化碳含量较高，高温可促进光合作用，温度以28～30℃为宜；下午二氧化碳浓度降低，且上午生成的光合产物没有运出，光合能力下降，以20～25℃为宜。另外，阴雨天气光照不足，影响光合作用，高温造成呼吸作用消耗增大。试验表明，较低温度比较高温度产量高。

特别提示

黄瓜生长发育需要一定的昼夜温差，这样有利于同化产物的积累，降低呼吸消耗。

12 黄瓜生长发育对水分有什么要求？

黄瓜喜湿，不耐旱，要求较高的土壤湿度和空气湿度。土壤湿度以85%～95%最为适宜。空气湿度以白天80%左右、夜间90%左右最为适宜。如果土壤湿度大，空气湿度在50%左右对黄瓜也不会有明显影响。这是因为植株对空气干燥的抵抗力随土壤湿度增大而增强。

黄瓜在不同生育阶段对水分的要求也不相同。发芽期要求充足的水分，以便对种子内的贮藏物质进行水解、转化和利用。但播种时水分不要太大，以免引起烂种。在幼苗期应适当供水，但不可过湿，以防寒根、徒长和病害发生。在开花坐瓜期要适当控水，直到根瓜坐住。结瓜期营养生长和生殖生长量都很大，而且气温较高，叶面积较大，果实采收量不断增加。因而水分供应一定要充足，否则影响产量。黄瓜虽然喜湿，但又怕涝。如果湿冷同时发生，就会产生沤根或寒根，同时也易发生猝倒病。

在较低的空气湿度条件下，植株及果实的生长都会受到阻碍。但空气湿度过大，对黄瓜生长发育也不利。此外，湿度过高，会使蒸腾作用受阻，长期如此，便会影响植株对水分和矿质养分的吸收，导致生长衰退。另外，高湿使叶缘易形成水滴，为病菌的侵入创造了条件。但是在温室管理中，有人单纯从防病角度出发，过度地控制空气湿度，结果造成病害虽然轻了，但产量也降下来了。在水分不足时，黄瓜叶片开始萎蔫。一般是叶片愈老萎蔫愈早，而靠近生长点的叶片萎蔫较晚。

特别提示

黄瓜喜湿，不耐旱。播种时水分不要太大，在幼苗期应适当供水，开花坐瓜期要适当控水，结瓜期水分供应一定要充足。黄瓜怕涝，生产中要及时排涝。

13 黄瓜生长发育对光照有什么要求？

黄瓜是芦葫科中比较耐弱光的瓜类蔬菜。当光照降低到自然光照的 1/2 时，黄瓜的同化量才开始下降。但是，当光照为自然光照1/4时，光合强度降低到 13. 7%，植株开始生育不良，容易引起黄瓜“化瓜”。阴天植株本身贮藏养分不足，分配给果实的也会减少，从而导致果实发育不良。如果连续阴天 10 天以上，黄瓜产量就会明显下降。

这是因为一方面，阴天光照不足，光合产物合成少；另一方面，阴天时叶片蒸腾作用弱，根的吸水受阻。如果连续阴天后转晴时，叶片蒸腾作用忽然增加，根的吸水能力跟不上叶部要求，使叶内水分不足，光合作用下降甚至出现萎蔫。解决的办法是在雨后晴天的早晨进行喷灌，补充蒸腾所需的水分。

特别提示

黄瓜虽然耐弱光，但光照充足时，对增产有明显的作用。生产上如果采用棚室栽培，应尽量减少草苫覆盖的时间，并经常清洁棚膜。

14 黄瓜对肥料要求有什么特点?

黄瓜是对营养元素需求较多的蔬菜。了解其对主要营养元素氮、磷、钾的需肥特性，即可确定施肥量和最佳施肥期。黄瓜从播种到收获结束大约 90 ~ 150 天。冬暖大棚栽培的越冬黄瓜生育期则长达 8 ~ 10 个月。黄瓜对氮、磷、钾等大量元素的吸收量与产量呈正相关，每吨产品需氮(N)2.6 千克、氧化磷(P_2O_5)0.9 千克、氧化钾(K_2O)3.9 千克、氧化钙(CaO)3.9 千克、氧化镁(MgO)0.7 千克。

黄瓜具有多次结实、多次采收的特性。从定植 50 ~ 90 天，即根瓜坐住后至果实大量收获为开花结果期，植株的茎叶和果实生长量都很大，均达到高峰期，也是植株吸肥量高峰期。由于采收果实不断地把氮、磷、钾等养分携走，特别是钾。为了满足营养生长和生殖生长的需求，必须经常供给充足的水分和养分。开花结果期是黄瓜丰产的关键时期。因此，在施足基肥的前提下，防止植株脱肥早衰，必须及时追施速效性肥料，注意调节根与茎叶、果实之间的库源关系，才能获得高产优质的商品。

完全施用有机肥料对黄瓜根系有明显影响，主根长而侧根、细根少；完全施用氮、磷、钾化肥，主根少，但侧根细根多；有机肥和化肥各一半处理，不但主根长，而且侧根多。同时有机肥对黄瓜雌花数和分枝数也有明显影响。

特别提示

采收盛期，茎叶和果实中氮、磷、钾各占一半，也就是说，其中的一半被果实携带走。产量越高，携走的养分越多。因此，采收期的追肥显得特别重要。有机肥用量增加，雌花数量也增加。显然，对保证后期黄瓜的生长发育，提高商品黄瓜的质量有重要作用。

15 氮肥对黄瓜生长发育有什么影响?

氮是黄瓜生长发育三要素之一，氮肥施用过多或过少都会对黄瓜产量和品质产生不良影响。黄瓜的氮肥多少关系到植株生育状况、叶绿素含量和光合能力强弱。黄瓜需氮量较大，每亩在0～41.4千克范围内增施氮肥可以增产，但氮肥用量过大，还会减产。黄瓜定植后30天内氮素吸收量最大，其中叶吸氮最多，果实次之，茎最少；定植50天后，叶和果实吸氮量相同；定植70天后，大部分氮被果实携走。

黄瓜缺氮时，植株生长缓慢，发育不良，茎细叶小。首先下部老叶退绿黄化，继而枯死脱落。雌花淡黄，短小弯曲，开放时不是下垂而是水平或向上开放。严重缺氮时，根系不发达，吸收能力差；花芽分化不良，易落花落果，畸形瓜多，产量和质量明显下降。若氮肥过量时，上部叶片变小，叶缘反卷呈伞状，叶色浓绿，植株茎叶徒长，花芽分化延迟，生长点逐渐停止生长，易出现“花打顶”的现象。黄瓜属典型的喜硝态氮肥作物，若铵态氮肥用量过多，易造成“氨中毒”，烧苗、烧根、死秧而导致严重减产。氮肥过多，灌水过量，营养生长过弱或过旺，易造成化瓜。

特别提示

黄瓜具有选择性吸收养分的特性，属喜硝态氮作物。在只供给铵态氮肥时，叶色变浓，叶片变小，生长缓慢，钙、镁吸收量降低。

16 磷肥对黄瓜生长发育有什么影响?

黄瓜全生育期不可缺磷，播种20～40天，磷肥效果特别明显。幼苗期缺磷，子叶淡黄下垂，真叶浓绿而发育不良。

黄瓜植株缺磷时，光合产物运输不畅，致使光合强度下降，果实生长缓慢。另外，磷缺乏造成体内硝酸盐还原受阻，硝态氮积累，蛋白质合成受阻；新细胞和细胞核形成较小，影响细胞分裂；植株茎尖和根部生长缓慢，叶小，分枝减少，植株矮小；细胞分裂和生长缓慢，造成叶子伸展不开，单位叶面积叶绿素累积，叶色暗绿。

特别提示

磷的供应也不可缺少，尤其是定植后 20 ~ 40 天，此期绝不可忽视磷肥的施用。

17 钾肥对黄瓜生长发育有什么影响?

钾素是黄瓜吸收最多的一种元素。黄瓜全生育期缺钾时，对营养生长和生殖生长的影响都很大。黄瓜植株缺钾时，养分运输受阻，根部生育受抑制，整个植株的生育也受到限制。因此，黄瓜在整个生育期缺钾时，不论营养生长还是生殖生长，都受到严重损害；即使在前 3/4 生育期缺钾，也会导致条瓜不收。缺钾易出现大肚瓜；多氮、多钾、缺钙、缺硼，易产生蜂腰瓜；土壤盐分过高，产生尖嘴瓜；氮素过多，磷、钾肥不足产生苦味瓜。

特别提示

黄瓜一生中对钾的吸收量最多，其次是氮。钾对黄瓜全生育期的正常生长十分重要。

18 钙对黄瓜生长发育有什么影响?

黄瓜植株缺钙时，首先对生长点和幼瓜造成损伤。缺钙时，黄瓜植株矮小，节间短，生长点坏死；花果小，风味比较差，甚至出现小瓜腐烂坏死；幼叶叶片小，边缘缺刻较深，叶缘和叶脉间出现透明白色斑点，严重时导致叶柄变脆易脱落。

19 黄瓜生长发育对气体有什么要求？

二氧化碳是黄瓜重要的气体肥料。所以冬暖大棚温室栽培中采取增施二氧化碳气体，通风换气和多施有机肥料等补氧措施，增产效果十分显著。

二氧化碳施肥可以显著提高黄瓜光合作用的强度，同时对呼吸作用也有抑制的作用，从而有利于提高黄瓜产量。黄瓜使用二氧化碳后，光合速率提高，植株体内的糖分积累增加，从而在一定程度上提高了黄瓜的抗病能力。增施二氧化碳还能使叶和果实的光泽变好，外观品质提高，同时维生素 C 的含量大幅度提高，营养品质得到改善。

20 怎样调节黄瓜的性型分化，增加雌花比例？

生产上，一般通过降低温度来促进雌花分化。对雌花的分化来说，虽然昼温也有影响，但对夜温的反应更为强烈。昼温适宜时，将夜温调节在 13～15℃，有利于雌花的分化。在育苗期间，日照时间越短，则越能促进雌花着生。光照强度也影响黄瓜雌花形成，在遮荫条件下，雄花减少，雌花增加。土壤含水量高，空气湿度大，有利于雌花的形成。氮肥和磷肥分期施用比一次集中施用更有利于雌花形成。空气二氧化碳含量较高，可增加雌花数目。

当黄瓜幼苗 2～4 叶期时，用 150 毫克/升的乙烯利喷洒植株叶面，会明显增加雌花数量。对于侧蔓结瓜和主侧蔓同时结瓜的品种，乙烯利处理的作用和效果更为明显。从生产季节来看，秋黄瓜处理后的增产效果比春黄瓜好。而对于主蔓结瓜为主的早熟品种，其处理效果不显著。

特别提示

降低夜温，缩短光照，增加湿度，提高二氧化碳含量，可以增加雌花数目。黄瓜幼苗用乙烯利处理，能明显增加雌花数量。但如果乙烯利处理浓度过大，则生长抑制作用非常强烈，同时增加花蕾而使节间变短，容易形成“花打顶”。

3

黄瓜种植前的准备

21 黄瓜种植的茬口安排应遵循什么原则?

茬口安排的原则是以周年供应为目标，露地和保护地栽培配套进行，最好把盛瓜期安排在春节、国庆节、五一节等市场需求量大的季节，以获得较高的经济效益和社会效益。应根据黄瓜的生育规律及其对生产条件的要求，结合当地的气候特点，在无霜期内安排露地生产；根据各种保护地设施的性能特点安排保护地生产茬口，避开露地生产的产量高峰；合理进行轮作倒茬；实行间套作，提高土地和设施利用率。

22 怎样安排黄瓜保护地栽培茬口?

保护地黄瓜生产茬口安排因设施不同分为3类，即小拱棚黄瓜栽培、大棚黄瓜栽培和日光温室黄瓜栽培。

小拱棚黄瓜栽培 一般在春季进行，比露地黄瓜提早15～20天播种、定植。覆盖约1个月后，通过放风逐渐适应露地环境，最后撤除棚膜进行露地栽培。

大棚黄瓜栽培 以春提早为主，其次是秋延后。①大棚黄瓜春提早栽培的目的在于提早供应，解决春淡问题。供应期比露地提早1个月左右。近年来，于定植前后在大棚内扣小棚或覆盖双层薄膜，或加盖草帘，或临时加湿，又使供应期提早了 15 ~ 30 天，经济效益和社会效益十分显著。一般 1 月上中旬至 2 月上中旬播种，3 月上中旬至 4 月上中旬定植，4 月中旬至 7 月下旬供应市场。②大棚黄瓜秋延后栽培的目的在于延后供应，解决秋淡问题。栽培目的在于延后供应，解决秋淡问题。供应期比露地黄瓜延长 30 天左右。一般 7 月上中旬至 8 月上旬播种，7 月下旬至 8 月下旬定植，9 月上旬至 11 月下旬供应市场。

日光温室黄瓜栽培 日光温室黄瓜栽培在茬口上有三大类型，即秋冬茬、越冬茬和早春茬。

(1)秋冬茬。日光温室秋冬茬黄瓜供应期比大棚秋延后长30 ~ 45 天。一般 8 月份至 9 月上旬播种，11 月中下旬至 12 月初定植，春节前上市，一直供应到 6 月份。设备良好的日光温室冬春茬黄瓜可以不加温，生产经济效益高。以上海地区为例，现代化日光温室黄瓜茬口安排大致分一年二茬。第一茬一般在 8 月上旬播种催芽，在 12 月上旬结束。第二茬在 11 月中旬播种催芽，第二年 4 月上旬结束。第三茬播种时间 3 月下旬，8 月中旬结束。

(2)越冬茬：日光温室早春茬黄瓜的上市期比大棚春提前黄瓜早 45 ~ 60 天。一般 12 月下旬至第二年 1 月上中旬播种，2 月份定植，2 月下旬至 6 月上中旬供应市场。

(3)早春茬。一般在 12 月育苗，第二年 1 月份定植，2 月下旬至 3 月上旬开始采收，6 ~ 7 月份结束。这茬黄瓜育苗期温度低，出苗困难，幼苗生长慢，要特别注意保温；定植后光照时间逐渐延长，温度日益提高，长势旺，产量高，较易管理，效益高。但多数菜区因供应期与塑料大棚、中棚等重叠较多，与露地黄瓜的供应期也有些重叠，所以，效益不太高，生产规模较小。节能型日光温室投资很高，存在夏闲和冬闲问题，塑料大中棚也有冬闲问题。

为了提高棚室的效益，可安排间作、套作种植，如日光温室夏季种植草菇，大棚冬闲期种植芫荽、小油菜、水萝卜、小葱等，效益也很可观。另外，还要考虑与其他蔬菜轮作倒茬，如芹菜、豇豆、番茄等，以减少病虫害和土壤次生盐渍化趋重等问题。

23 怎样安排黄瓜露地栽培茬口？

为了与棚室栽培配套，在露地栽培上，可作如下安排。

春黄瓜 露地早熟栽培，选择耐低温、早熟、节成性好的春黄瓜类型进行阳畦育苗，3～4 片叶定植于露地；利用风障改善小气候，达到早熟目的。随着塑料棚的发展，露地早熟栽培面积不断减少。

半夏黄瓜 半夏黄瓜又叫接架黄瓜。露地春黄瓜即将结束时开始上市的栽培茬口。多在 5 月中下旬露地速生菜收获后播种，7 月中下旬到 8 月下旬供应市场。

秋黄瓜 在半夏黄瓜将结束时开始上市。7 月上旬直播或 7 月中旬移栽。供应期由 8 月下旬到露地出现霜冻。

24 怎样选择黄瓜种植地块？

首先是基地周边 2 千米以内无污染源，包括工矿和医院等污染源；农田大气环境质量符合无公害农产品基地农田大气环境质量标准；农田灌溉水质符合无公害农产品基地生产用水质量标准；农田土壤符合无公害农产品生产基地农田土壤环境质量标准。第二是基地应尽可能选择在该作物主产区、高产区和独特的生态区。第三是基地土壤肥沃，旱涝保收。

25 普通型日光温室有什么特点？（视频 1）

日光温室最常见的有半拱圆形无后坡和半拱圆形两种类型。这两种日光温室的结构特点是坐北朝南，东西山墙及北墙用砖或土砌成。脊高 1.8～2.4 米，内跨 5～9 米，每栋前后间距 7～

8 米。

坡面半拱圆形日光温室一般采用竹木结构或钢架结构，前坡以塑料薄膜和草苫覆盖；后坡为土木结构。在东西方向上按 3 米一间立柱，横纵向柱子都在一条线上，立柱埋深 0.4 米，立柱高 2.4 ~2.6 米，粗 25 厘米左右，立柱上有两根檩，檩长 3 米，椽子长 1.3 米左右，上铺玉米秸、稻草等隔热保温物，再上铺抹草泥抹平。在日光温室南端挖一条深、宽各 0.4 米的沟，用于埋设拱杆前端。在沟南再挖一条防寒沟。

26 节能型日光温室有什么特点？（视频 2）

节能型日光温室具有充分利用太阳光热资源、节约燃煤、减少环境污染等特点。在北纬 34° ~43° 地区，冬天不加温，仅依靠太阳光热，加火强化保温，或少加温的情况下，就可以在冬季生产喜温性蔬菜。典型的有以下几种，目前变化也较多。

辽沈Ⅰ型日光温室 这种日光温室跨度 7.5 ~8 米，脊高 3.5 米，后屋面仰角 30.5°，后墙高度 2.5 米，墙体内外侧为 37 厘米砖墙，另外选用了一些新的轻质材料，使墙体变薄，操作省力，如用 9 ~12 厘米厚聚苯板代替干土、炉渣做墙体的中间夹层，用轻质的保温被代替草苫作为夜间外覆盖保温材料，后屋面也采用聚苯板等复合材料保温，拱架采用镀锌钢管，配套有卷帘机、卷膜器、地下热交换等设备。

改进冀Ⅱ型节能日光温室 这种日光温室跨度 8 米，脊高 3.65 米，后坡水平投影长度 1.5 米；后墙为 37 厘米厚砖墙，内填 12 厘米厚珍珠岩；骨架为钢筋拱架结构。这种日光温室结构性能优良，在严寒季节最低温度时刻，室内外温差可达 25℃以上。

廊坊 40 型节能日光温室 这种日光温室跨度 7 ~8 米，脊高 3.3 米，半地下式 0.3 ~0.5 米；前屋面的上部为琴弦微拱形，前底角区为 1/4 拱圆形，采用水泥多立柱、竹竿竹片相间复合拱架结构，或钢架双弦、单中柱结构；前坡以塑料薄膜和草苫覆盖；后屋面仰角50°，水平投影0.8米；后坡为秸秆草泥轻质保温材料；后墙体为土筑结构，后墙高度为2.2米，底宽为4米，顶宽为1.5米；前底角外部设防寒沟，以加强防寒保温效果；后墙上设通气孔，利于炎热季节通风降温。

27 建造日光温室选择什么样的地块好？应在什么时候建造？（视频3）

建造日光温室的地址应选在高燥向阳，地势开阔、平坦，土质肥沃，水源充足，交通方便，有电源的地方，以便管理和产品运输。温室东西向长度应达到50～60米，长度过小，东西两山墙在上下午时段会遮光；长度过大，进出搬运不方便。日光温室内的土壤最好为沙质壤土，地温高，有利于黄瓜根系的生长。日光温室应在避风处建造，以减少热量损失和风对日光温室的破坏；也不能在低洼的地块或公路附近建造日光温室，以防内涝和灰尘积存膜面影响透光性能。

日光温室建造的时间应选择在雨季过后，上冻之前。在时间安排上，还要留出日光温室的干燥时间，在日光温室投入使用前墙体应干透，否则会因为墙体没有干透，一方面扣膜后湿度大，升温慢，作物易感病，日光温室性能降低；另一方面，上冻后墙体会膨胀，缩短日光温室使用寿命。

28 怎样确定日光温室建造的方位和布局？（视频4）

日光温室的方位一般为坐北朝南，透光屋面方位正南，以利充分采光。高纬度（北纬40°以北）和晨雾大、气温低的地区，最佳方位是略偏西5°～7°；在这些地区覆盖物不能早揭去，而下午气温较高，光照较早晨好，可以适当晚盖覆盖物。而在北纬40°以南地区，最佳方位应是偏东5°～7°，可争取上午多见光。

多栋日光温室建成日光温室群时，适宜的室间距是不小于冬至前后正午时前排阴影的距离。简易的计算方法：应不小于前排日光温室脊高加卷起草苫高度的2~2.5倍，一般为6~10米，这样才不会造成前排对后排的遮荫。在风大的地方要错开排列，避免道路成风口。

29 日光温室的室内面积以多大为宜?

为了便于管理，每栋日光温室不要建得过大，长度(两山墙内侧净距离)一般为50~60米，一栋日光温室的面积以333~420平方米为宜。如果面积过小，东西长度则相应较短，不但上下午时段东西两山墙遮光严重，而且由于室内空间小，不利于贮藏热量，保温性能差。而面积过大，东西长度则相应较长，会给日常操作搬运带来不便。另外，为了日光温室的保温和管理方便，可门口设厚门帘，最好再设缓冲间，在日光温室有门的一侧建一个作业间，大小一般为4米×4米，以防止冷风直接吹入日光温室内。无缓冲间的日光温室，应在室内门口处设薄膜屏风。

30 怎样确定日光温室跨度与脊高?

日光温室跨度是日光温室后墙内侧至前屋面骨架基础内侧的距离，日光温室脊高是基准地面至屋脊骨架上侧的垂直距离。普通型日光温室的跨度大，而且中柱较矮，采光性能差。节能型日光温室兼顾了采光、保温、造价、利用率，日光温室的跨度以6~6.5米为宜。日光温室的脊高以为2.8~3.2米为宜。

日光温室的脊高、跨度的大小及其相互配合影响日光温室的采光保温性能。在一定跨度下，日光温室的高度与采光屋面角成正相关。各地可以根据当地实际情况，选择适宜的日光温室跨度和高度。高大的日光温室，由于角度合理，进入光量多。其内容积大，温度升高较慢，降低也较慢，热容量大，夜间能保持较高的温度。另外，日光温室建造的骨架取材要尽量因地制宜，就地取材，兼顾强度和成本。

日光温室的跨度和高度对照表(单位：米)

跨度	5	6	7	8	9	10	11	12
高度	3.20	3.60	4.20	4.76	5.34	5.92	6.49	7.07

31 怎样建造日光温室的采光屋面？

采光屋面的坡度是否合理，直接影响着透入室内太阳直射光的多少。采光屋面有半拱圆式和一斜一立式。屋面坡度主要取决于太阳高度角。由于太阳位置冬季偏低，春季升高的特点，对用于冬季的日光温室主要透光面的坡度应大一些，用于春季的日光温室主要透光面的坡度应小些。地处北纬35°～55°内的日光温室的屋面坡度一般要达到30°。

采光屋面骨架包括拱杆、腰杆和腰杆支柱，也可用全钢架结构或钢架竹片复合结构。

骨架上覆有薄膜和草苫，草苫幅宽1.5～1.6米，长8～10米。草苫单重不得少于40～60千克。上苫时要装拉苫绳，以便拉苫和放苫。严冬季节应加盖双苫、纸被、棉被、无纺布等加强严寒季节的保温性能。雨雪之后每块草苫重达100千克左右，所以采光屋面常建成微拱形，以利于前坡牢固、薄膜绷紧和不被压沉，并且前坡骨架在建造和选材上应慎重考虑。一般拱间距以50～60厘米为宜，不得超过70厘米。除非采用保温被外覆盖，拱间距可以放到1～1.2米。拉梁焊接在下弦上，以保证压膜紧绷的良好效果。

32 建造日光温室的后坡、后墙和山墙要注意哪些问题？

后屋面合理的仰角应使日光温室北部没有常年无光区，并且在立冬至立春期间，阳光能照满后墙，最冷月阳光能照到后屋面。

这样，不仅使日光温室内的光照比较均匀，有效地解决日光温室北部光照较少的问题，又能增加日光温室吸收与贮存热量，提高夜间温度。合理的角度应大于当地冬至太阳高度角7~8℃，一般为35~45℃。所以一般节能型日光温室的后坡长1.5米左右，后墙高1.8~2.2米。

日光温室的墙体可就地取材，但要有好的保温蓄热性能，使白天得到的热量，只有小部分透过墙体散失到室外，大部分热量则蓄积在墙体，到夜间再传递到室内，使室内外最低温差可达到20~30℃。要以当地冻土层最大深度作为日光温室土墙的适宜厚度。又由于在相同厚度的情况下，土墙不如砖墙保温能力强，近年来异质复合墙迅速推广。这种墙体的一般构造是内层为砖、外层为砖或加气砖，中间有一定厚度的填充物，填充物有稻草、土、炉灰渣、珍珠岩、聚苯板等。

33 日光温室防寒沟和蓄水池有什么作用？如何建造？

在日光温室前挖一个防寒沟，宽30~40厘米，深40~60厘米。它能阻断土壤热量横向散失，防止地冻层向日光温室内延伸，提高地温。无防寒沟则地冻内延2.5~3米，有沟的则无冰冻和低温底层，土温高且均匀，一般可保持10~15℃。沟内填装秸秆等保温材料，并用薄膜包裹防潮。

对冬季严寒的地区，在日光温室内山墙旁最好修建一个蓄水池，以便严冬季节预热水温。因为从室内引冷水灌溉会降低土温，也会给作物根系造成冷害或冻害，严重影响作物的生长发育及产量形成。

特别提示

日光温室主要由墙体、采光屋面、后屋面、保温被等构成。墙体包括了北边的后墙，东西两边的山墙，南边的前墙；采光屋面主要是前屋面，为透明屋面，由山前屋架、塑料薄膜或玻璃等组成；后屋面起着保温及人上去揭盖保温被和放置保温被的作用，由山后屋架、屋板、保温屋和防水层组成；保温被有棉被或毡棉混合被子等。

34 塑料大棚有哪些类型？各有什么特点？

塑料大棚是用塑料薄膜覆盖的一种大型拱棚。它和日光温室相比，具有结构简单，建造和拆装方便，一次性投资较少等优点，与中小棚相比，又具有坚固耐用，使用寿命长，棚体空间大，作业方便及有利作物生长，便于环境调控等优点。我国塑料大棚类型较多，其分类形式有以下3种。

一种是按照棚顶形式分类，可分为拱圆型棚和屋脊型棚两种。拱圆型大棚对建造材料要求较低，具有较强的抗风和承载能力，目前运用较普遍。

另一种是按照连接方式分类，可分为单栋大棚和连栋大棚两种。单栋大棚是以竹木、钢材、混凝土构件及薄壁钢管等材料构成，棚向以南北延长者居多，其特点是采光性好，但保温性较差；连栋大棚是用两栋或两栋以上单栋大棚连接而成，优点是棚体大，保温性能好，便于机械化作业。

还一种是按照骨架类型分类，可以分为竹木结构大棚、钢筋焊接结构大棚、钢筋混凝土大棚、装配式镀锌钢管结构大棚等。

特别提示

塑料大棚的骨架是立柱、拱杆、拉杆、压杆等部件组成，俗称“三杆一柱”。这是塑料大棚最基本的骨架构成，其他的形式都是此演化而来。

35 什么是简易竹木结构单栋大棚？有什么特点？（视频5）

简易竹木结构单栋大棚以毛竹为主，加上薄膜和保温用草苫等覆盖，两端各设供出入的大门，顶部可设出气天窗。一般大棚跨度为5～12米，顶高2.4～3.2米，长50～100米，拱杆直径3～8厘米，拱杆间距0.8～1.1米，每杆由6根立柱支撑，立柱为木杆或水泥预制柱。这种大棚立柱较多，不利于采光和操作，因此可采用“悬梁吊柱”形式，即用固定在拉杆上的小悬柱（高度约30厘米）代替。这种大棚的特点是取材方便，建造容易，造价低，主要分布于小城镇及农村，用于春、秋、冬季栽培。其不足是作业不方便，使用寿命短，抗风、雪载性能差。

36 什么是镀锌钢管加毛竹片混合结构大棚？有什么特点？

钢竹混合结构大棚以毛竹为主，钢材为辅。将毛竹经特殊的蒸煮烘烤、脱水、防腐、防蛀等一系列工艺精制处理后，使之坚韧度等性能达到与钢质相当的程度，作为大棚框架主体架构材料；对大棚内部的接合点、弯曲处则采用全钢片和钢钉联接铆合，由此将钢材的牢固、坚韧与竹质的柔韧、价廉等优点互补结合。每隔3米左右设一平面钢筋拱架，用钢筋或钢管作为纵向拉杆，每隔约2米一道，将拱架连接在一起。在纵向拉杆上每隔1.0～1.2米焊一短的立柱，在短立柱顶上架设竹拱杆，与钢拱架相间排列。此种大棚设计可靠，抗风载、抗雪载、采光率及保温等性能均可与全钢架、塑钢架大棚相媲美，具有承重力强、牢固和使用寿命8～10年的优点，是一种较为实用的结构。

37 什么是装配式镀锌薄壁钢管结构大棚？有什么特点？

装配式镀锌薄壁钢管大棚的规格为：跨度一般为6～8米，高度2.5～3米，长30～50米，通风口高度1.2～1.5米。用管壁厚1.2～1.5米的薄壁钢管制成拱杆、立杆、拉杆，钢管间距0.6～1米，内外热浸镀锌以延长使用寿命。用卡具、套管连接棚杆组装成棚体，覆盖薄膜用卡膜槽固定。这样大棚在抗风、雪的前提下，增加棚内的通风透光量，并且考虑了土地利用率的提高与各种作物栽培的适宜环境。骨架采用内外壁热浸镀锌钢管制造，抗腐蚀能力强，使用寿命10～15年，抗风荷载31～35千克/平方米，抗雪荷载20～24千克/平方米。代表性的GP－Y8－1型大棚，其跨度8米，高度3米，长度42米，面积336平方米；拱架以1.25毫米薄壁镀锌钢管制成，纵向拉杆也采用薄壁镀锌钢管，用卡具与拱架连接；薄膜采用卡槽及蛇形钢丝弹簧固定，还可外加压膜线，作辅助固定薄膜之用。

38 什么是装配式涂塑钢管塑料大棚？有什么特点？

针对镀锌钢管装配式塑料大棚的造价昂贵，钢筋焊接结构、钢筋混凝土结构及无碱玻纤钢筋混凝土结构等在运输、安装及日常维护、使用等方面的缺陷，采用化学性质稳定，耐田间水气及农药、化肥等化学品腐蚀的优质塑料涂层，设计了装配式涂塑钢管塑料大棚。涂塑棚的结构尺寸为：跨度6米，8米，10米；脊高分别为2.8米，3.0米；肩高1.2米；管径分别为32米和36米，涂塑层厚2毫米；抗风压31千克/平方米，抗雪载20～24千克/平方米。与装配式热镀锌钢管骨架相比，具有联接牢固，通风良好，操作空间适宜，强度相当，价格低廉和耐腐蚀的特点，可替代竹木结构进行瓜果、蔬菜生产。

特别提示

钢管大棚坚固耐用，中间无柱或只有少量支柱，空间大，便于作物生长和人工作业，但一次性投资较大。

39 什么是连栋塑料大棚？有什么特点？

为了解决农业生产中的淡季、旺季，克服自然条件带来的不利影响，提高经济效益，发展特色农产品，钢管连栋大棚的应用是主要措施之一。目前随着规模化、产业化经营的发展，有些地区，特别是南方一些地区，将原有的单栋大棚向连栋大棚发展。就结构和外形尺寸来说，钢管连栋大棚是把几个单体棚和天沟连在一起，然后整体架高。下表为目前市场上常用的连栋塑料大棚。主体一般采用热浸镀锌型钢做主体承重力结构，能抵抗 8～10 级大风，屋面用钢管组合的桁架或独立钢管件，连栋塑料大棚质量轻，结构构件遮光率小，土地利用率达 90% 以上，适合种植经济效益好的高档瓜果蔬菜和花卉。

表1 常用连栋塑料大棚 （单位：米）

型号	跨度	间距	肩高	棚高	长度	特点
GLP－622	6	3	2.2	2.2	<30	造价低，适宜大面积投入使用
GLW－6	6	3	2.5	4	30	框架由镀锌矩型管和圆管组成
GLP－832	8	3	2.4	4.2	<36	骨架钢管采用热浸镀锌工艺
GP－625	6	0.65	1.2	2.5	30	直径22毫米×1.2毫米热镀锌管组成，单拱大棚有三道纵梁，二道纵卡槽，结构强度高
GSW7430	7	4	3	5	28	框架立柱采用热镀锌矩形钢管，结构强度高
联合6型	6	0.6	1.6	2.5	30	零件采用进口镀锌板冲压加工，零件经包塑和喷塑处理

特别提示

就结构和外形尺寸来说，钢管连栋大棚把几个单体棚连在一起，然后整体架高。主体一般采用热浸镀锌型钢做主体承重力结构，能抵抗8～10级大风，屋面用钢管组合桁架或独立钢管件。

40 建造塑料大棚要注意些什么？

建造塑料大棚要选避风向阳、光照充足、地势高燥、土质肥沃、水源方便的地方。避开公路边、高压线、石油地下管道等。建棚用地要求南北长62米，东西宽17.5米。每栋大棚长度为50～60米。过长易造成棚膜不易拉紧、通风困难，管理运输也不方便。

大棚多为南北向延长，因为南北向延长大棚的光照分布更为均匀，黄瓜长势均匀，便于管理。两种大棚产量无明显差异，若受地形限制也可建成东西向延长。

建造棚群时，南北向延长大棚的棚间距要大于2米，东西向延长大棚的前后排间距要保持4米以上。前后排棚体最好错开布置，防止形成风口。

跨度大小涉及到一系列问题，过宽影响通风，不易降温，一般宽度为高度的2～4倍。无柱钢架大棚的跨度为8～12米；竹木结构大棚为12～14米。最好不要超过15米。竹木结构大棚高为2.2～2.7米，肩高为1米左右；钢架大棚高为2.5～3米，肩高为1.2米左右。

41 怎样选择塑料薄膜？棚膜怎样覆盖？

塑料薄膜一般选用聚氯乙烯（PVC）无滴膜或聚乙烯（PE）长寿

无滴膜，前者幅宽多为 3～4 米，后者幅宽 7～9 米。棚膜的覆盖方式主要有内、外覆盖两种，即所谓的“里三层外三层”。外面的 3 层从里到外分别是：塑料薄膜(其中聚氯乙烯薄膜透光保温效果最好)、牛皮纸被(一层牛皮纸被可提高室温 4～7℃)和草苫(可提高室温 4～6℃)。除草苫、纸被外，东北、内蒙古等一些冬季极严寒的地区，还采用棉被、毛毯等当覆盖物，可使室内气温提高 7～10℃。室内的 3 层由里到外分别是：地膜覆盖、冷时加一层小拱棚，更冷时再加一层拱棚。薄膜一定要绷紧严密，以防漏风和薄膜上下浮动，影响保温性能。另外，室内还可用保温幕，其材料有无纺布、反光幕等。

4

黄瓜的品种与选用

42 黄瓜品种分为哪几种类型?

中国黄瓜 目前北方地区主栽品种类型是华北型有刺品种。该类型雌性系品种比较少，主干上并非每节都有雌花，不少品种有侧枝雌花多的特点。因此最适宜的整枝方式应该是以挂钩斜吊法为主，同时每节位发生的侧枝不要过早去除，保留 1 ~ 2 朵雌花，其余部分去掉，这样基本上每节都能有瓜。对于侧枝上每节都发生雌花的“侧枝雌性系”品种，可以采取“换头法”，即在第 1、2 节位侧枝长出后，选留一较壮实的侧枝，把主干和其他侧枝去掉，如此就把该品种人为改造成雌性系了。

欧洲无刺短黄瓜 雌性系品种居多，不少品种每节位都有多个雌花发生，因此基本上全部采用单干整枝法，生产上也是以挂钩斜吊法为主，同时配合以疏花疏果。欧洲型无刺短黄瓜生长速度较快，不易徒长，但易早衰。在晚春—夏季—早秋这一时间段内，或者在工人工资水平较高的地区，可采用粗放型整枝方式，即用一根短绳把主干牵引到顶端吊绳铁丝后就任其自然生长。试验表明，采取此种粗放型整枝方式，单茬采收期比挂钩法短一些，单茬产量也低一些，但在一段较长时间内的总产量并无明显降低。而且如果根据温室茬口安排的要求，需要在 5 个月左右的时间里种两茬黄瓜的话，这种方式就会显示出其优越性，可以减少温室闲置期，两茬的产量和挂钩斜吊法只能种植一茬相比，明显要高得多。更为重要的是，采用这种整枝方式，可以大大降低人力成本。

43 黄瓜品种的选用要注意哪些问题?

为了获得较高的经济效益，选择合适的品种及掌握该品种的特征特性是十分重要的。在品种选择时要遵循以下的原则。

商品性状适应当地市场要求 要选择商品性状好、符合消费习惯的品种，才能销售顺畅、售价较高。

选择有质量保证的种子 要到有种子经营许可证的种子销售处购买种子，所购种子应已有了一定的推广面积，最好是在当地已经试种成功的。若种子是没有试种过的新品种，最好先少量购买试种，之后才可大量种植。另外，通过品种审定或品种备案的品种，一般来说较有保证。同时，注意种子生产者是否与该品种育种者一致，一般的说育种者掌握品种的原种，种子纯度有保证。

品种与茬口相适应 在农业科技人员的努力下，黄瓜育种工作取得了很大的成绩，育成了满足各个茬口需要的不同品种，选择品种时应根据茬口来选择相应的品种，才能获得较高效益，切不可随意选择。

44 种植春大棚黄瓜应选用哪些品种?（视频6）

品种选择：早熟栽培必须选择早熟、瓜码密、丰产、优质、抗病、耐低温的品种。主要选用新泰密刺、山东密刺等品种，还可选用津春2号、津春3号、津优1号、津优10号、津杂1号、2号、中农3号、12号等。

45 种植春露地黄瓜应选用哪些品种？

适合春季栽培的露地黄瓜品种主要有津春4号、津春5号、津研4号、中农6号、中农8号、春丰、津优4号、津优6号、津绿4号、津杂3号、湘春2号、湘春3号、湘春4号、湘春5号等。

46 种植夏露地黄瓜应选用哪些品种？

黄瓜夏季露地栽培，应以抗病耐热品种为主，可选用津春4号、津春5号、津优4号、津优6号、津绿4号、郑黄3号、夏秋6610、夏秋1号、鲁黄瓜8号、鲁黄瓜9号、津杂2号、夏丰和鲁秋1号等品种。

47 种植秋冬茬黄瓜应选用哪些品种？

黄瓜秋冬茬栽培选择的品种，要求耐热、耐寒性强，生长势旺，较抗霜霉病、炭疽病等病害，主蔓或主侧蔓都能结瓜，结瓜多，产量高，特别是中后期产量高，而且较耐贮藏。目前，我国尚无日光温室秋冬茬黄瓜的专用品种，常用的品种有新泰密刺、津优5号、津优21号、中农10号、中农12号、卡斯特、康德、拉迪特、春光2号、戴多星、翠绿1号、欧宝、京乐5号、翡翠等品种。

48 种植越冬茬黄瓜应选用哪些品种？

越冬茬黄瓜生长期光照弱、地温低，对品种的要求是较强的忍耐低温、弱光能力，抗病力尤其抗霜霉病力强；植株长势旺盛，且不易徒长，第一雌花着生节位低，节成瓜性好，结实性好；瓜条大小适中，外观、风味良好。目前应用最普遍的品种是新泰密刺、山东密刺、津优3号、津优30号、津优31号、津优32号、津春 3 号、津育 3 号、津绿 3 号、卡斯特、康德、MK160、MK171、京研 1 号、京研 2 号等。

49 种植早春茬黄瓜应选用哪些品种?

早春茬栽培黄瓜品种，要求耐低温、耐弱光能力较强，雌花节位低，连续结瓜能力强，成瓜速度快，侧枝少，早期产量高，抗病性好。生产上可选用新泰密刺，山东密刺，津优系列的 2 号、3 号、5 号、10 号、20 号、30 号、31 号、32 号，津春系列的 2 号、3 号，中农 10 号、戴多星、拉迪特等。其中，密刺系列黄瓜对霜霉病抗性弱，表现为耐低温弱光，喜肥水，早熟性好，总产量高，瓜条商品性状好等优点；津春 3 号的抗病性较强，具有一定的耐低温弱光能力，适于新菜区或技术水平不高的菜区选用，一般不会因病害防治经验不足而造成毁产绝收。

50 新泰密刺黄瓜有什么特点? 怎样种植?

新泰密刺是山东省新泰市高孟村育成，是山东省新泰市(县)地方优良品种。由当地的小八叉和大青把两个地方品种天然杂交，经多次混合选择而成。

该品种植株生长势强，主蔓结瓜。第一雌花着生在主蔓第 4 至第 5 节，一节多瓜，回头瓜也多。瓜条棒状顺直，长 25 ~ 35 厘米，瓜把短，横径约 3.0 厘米，瓜深绿色，瘤刺密，白刺，棱不明显，质脆，微甜，品质中上。单瓜重 150 ~ 200 克，棚室每亩产量为 5000 ~ 8000 千克，建议作为搭配品种。

该品种早熟性好，抗逆性强，耐寒性较强，耐弱光，喜肥水，高抗枯萎病，不抗霜霉病和白粉病。适合东北、华北、西北、苏北、皖北等地日光温室冬春茬、大棚春提早栽培。

该品种在山东、河北地区日光温室栽培，10 月下旬播种育苗，11 月下旬定植；春季日光温室栽培 1 月上中旬播种育苗，2

月中下旬定植；塑料大棚栽培2月中旬播种育苗，3月中下旬定植。苗龄45～50天。亩栽约4000株。及时整枝绑蔓，适时收瓜，盛瓜期加强肥水管理，注意病虫害防治。春季气温回升后，易感霜霉病和白粉病，故生产上要注意排湿。

51 山东密刺黄瓜有什么特点？怎样种植？

该品种类似于新泰密刺，生长势较强，茎粗节短。以主蔓结瓜为主，一般3～5节同现第一雌花，回头瓜多。瓜条长棒状，长23～30厘米，深绿色，瓜面无棱，密生小刺，单瓜重150～250克。瓜肉厚，品质好。

该品种耐低温，抗热性差，忌强光，抗枯萎病，对霜霉病、炭疽病、白粉病抗性较差。是适宜春季大棚、日光温室栽培的一个早熟品种，也可作早春拱棚覆盖栽培。

目前大部分地区大棚黄瓜常规育苗日历苗龄是50～55天，电热育苗的日历苗龄是40天左右，因此，播种期根据定植时期按苗龄往前推算确定。一般在大棚内设二层覆盖时，4月中旬可定植，常规育苗播种期为2月20日左右，在日光温室里播种育苗。播种前日光温室和育苗工具、设备等用药剂消毒。与黑籽南瓜嫁接亲和力强。当棚内最低气温稳定在5℃以上，棚内10厘米土温稳定在12℃以上时定植，定植前要锻炼幼苗7～10天。其定植方法是做70厘米垄，株距30厘米，亩保苗3700株，畦作时1米畦栽1行，株距20厘米，亩保苗3300株。

52 津优2号黄瓜有什么特点？怎样种植？

津优2号是由天津市农业科学院黄瓜研究所育成的适宜早春日光温室栽培的专用黄瓜新品种，1998年通过天津市品种审定委员会审定。

该品种植株长势强，茎粗壮，叶肥大，以主蔓结瓜为主，单性结实能力强，瓜条生长速度快，不易化瓜，一般夜温 11～13℃可正常生长，瓜条长棒状，深绿色，单果重 200 克，商品性好，亩产 5000 千克以上。

该品种具有前期耐低温弱光、后期耐热、早熟性、丰产性强、品质佳、抗霜霉病、白粉病、枯萎病等特性，在栽培上具有节能、省工等优点。是适宜三北地区冬春茬日光温室栽培的优良新品种。现已推广到河北、河南、山东、内蒙古、辽宁等十几个省、自治区、直辖市。

该品种播种期应从定植起前推 40 天左右，幼苗以长至三叶一心时定植为宜。定植前 5～7 天进行适度低温炼苗。阴天注意通风透光，以降低苗床内湿度，同时采取措施适当提高温度。定植以棚内 10 厘米土层温度稳定在 12～13℃以上，气温不低于 5℃为宜。因其单性结实能力强，瓜码密，故根瓜应及时采收，以免引起坠秧。本品种可以适度密植，每亩以保苗 3500～3700 株为宜。

53 津优 3 号黄瓜有什么特点？怎样种植？

津优 3 号是天津市黄瓜研究所育成的一代杂种。国家“九五”攻关新成果，是杂交一代黄瓜新品种。

该品种植株紧凑，长势强。叶深绿色。以主蔓结瓜为主，第一雌花着生在第 3 至第 4 节，雌花节率 30% 左右，回头瓜多。单瓜重 230 克左右，每亩产量达 5300 千克左右。瓜条顺直，长 35 厘米左右，瓜色深绿，有光泽，瘤显著，密生白刺，瓜把短，一般小于瓜长的 1/7；心腔较细，小于瓜横径的 1/2；果肉浅绿色，质脆、味甜、品质优，符合北方地区消费习惯。

该品种抗病性强，丰产性好，耐低温、耐弱光能力强，在 11～14℃低温和 9000 勒克斯弱光下仍能正常生长。抗病性强，高抗枯萎病，中抗霜霉病和白粉病。具有良好的稳定性能。适合华北地区越冬日光温室、早春日光温室和大棚栽培。

该品种在华北地区越冬日光温室的播种期，一般为9月下旬至10月上旬，苗龄1个月左右。春大棚一般在12月下旬到1月上旬播种，苗龄40天左右。春季提前播种，可获得较高的产量和经济效益。

54 津优5号黄瓜有什么特点？怎样种植？

津优5号是天津市黄瓜研究所育成的一代杂交种。

该品种植株生长势强，茎粗壮，叶片中等大小，叶色深绿，分枝性中等，以主蔓结瓜为主，瓜码密，回头瓜多，单性结实能力强，瓜条生长速度快，从开花到采收比长春密刺早3~4天，早春种植从播种到采收65~70天，早熟性好。瓜条棒状，深绿色，有光泽，棱瘤明显，白刺，把短，商品性好，腰瓜长35厘米，单瓜重200克。早春种植亩产6000千克，秋冬种植产5000千克，平均早期产量比对照长春密刺增加32.4%，总产量增加26.5%。

该品种耐低温弱光，夜温10~13℃及弱光条件下可正常生长，并具有一定的耐热能力。抗霜霉病、白粉病、枯萎病能力强。适合早春茬和秋冬茬日光温室种植。

该品种采取日光温室早春茬栽培，一般12月初播种，秋冬茬栽培一般8月下旬至9月上中旬播种，生理苗龄三叶一心时定植为宜。早春栽培可采用嫁接技术，以利根系发育。定植后切忌蹲苗，肥水供应要及时，注意通风透光，每亩保苗3500株。

55 津优10号黄瓜有什么特点？怎样种植？

津优10号由天津市黄瓜研究所育成，其亲本为荷兰黄瓜，经多代系统选育而形成稳定性状。

该品种生长势强，表现早熟，瓜条生长速度快、成瓜性好，从播种到跟瓜采收一般为60天左右，单瓜重180克，口感脆嫩。抗黄瓜霜霉病、白粉病和枯萎病，尤其是抗霜霉病的能力十分突出，前期以主蔓结瓜为主，中后期主侧枝均具有结瓜能力。该品种亩产量5500千克以上，瓜条长而顺直，畸形瓜少，高产耐热。表面刺瘤中等，瓜色亮绿，无黄色条纹，便于清洗，适合无公害栽培，在生产中表现抗病能力强，前期耐低温，后期耐高温，保护地种植收获期可延长至7月中旬，一般亩产量可达5500千克以上。

该品种是东北北部、内蒙古北部地区、东南部、华北及西北地区、华东、华中地区早春塑料大棚栽培与秋延后大棚栽培的理想品种。近两年在天津、山东、湖北、河南、河北、内蒙古、江苏等地得到了大面积推广。

该品种以塑料大棚内安全定植期为准，向前推35～40天即为播种期。华东、华中地区分别为2月下旬和2月上旬。定植密度适中，每亩植4000株左右。

56 津优20号黄瓜有什么特点？怎样种植？

津优20号是国家“九五”科技攻关项目育成品种。该品种生长势极强，茎节粗壮，叶片大而厚、深绿色，克服了其他早熟品种生长势差的缺点，主蔓结瓜为主，春季第一雌花着生在第5节左右。瓜条顺直，长棒状，长30厘米左右，单瓜重150克左右。商品性好，瓜色绿，有光泽，瘤显著。果肉绿白色、质脆、味甜，品质优。日光温室冬春茬栽培，亩产可达6000千克以上。

该品种前期耐低温能力强，春季10℃低温下可正常发育，短期4～5℃低温对植株无明显影响。后期耐高温，可在34～36℃下正常结瓜。生长期长，抗枯萎病、白粉病、霜霉病。最适宜华北、华东和西北地区冬、春季日光温室和大棚栽培。

该品种华北地区日光温室冬春茬早熟栽培，一般于12月下旬在日光温室播种育苗，2月上中旬定植。春早熟大棚栽培一般于2月上旬在日光温室播种育苗，3月下旬定植。早熟性强，瓜条生长速度快，不宜过分蹲苗。由于叶片大，耐弱光，生长势旺盛，宜稀植。株距以 30 厘米以上，每亩 3500 株左右为佳。

57 津优 21 号黄瓜有什么特点？怎样种植？

津优 21 号是天津市科技攻关项目育成品种，是天津市黄瓜研究所新培育的、经多代选育的秋冬茬日光温室栽培专用黄瓜新品种。

该品种植株生长势强，茎粗壮，叶片中等大小，叶色深绿，分枝性中等，以主蔓结瓜为主，瓜码密，回头瓜多，单性结实能力强，瓜条生长速度快。瓜条棒状，顺直，深绿色，无黄线，有光泽，棱瘤明显，白刺，把短，瓜长 30 厘米，瓜把长小于瓜长的 1/7，瓜条深绿色，无花脑门，口感甜脆，味清香，无苦味，单瓜重 200 克左右，商品性好，一般亩产 5000 千克左右。

该品种早熟、抗病、丰产，苗期耐热，后期耐低温弱光，抗霜霉病和白粉病。是适宜三北地区日光温室秋冬茬栽培的理想品种。

该品种播种适期为 8 月下旬至 9 月上旬，可采用直播或营养钵育苗。苗龄 25 ~ 30 天，生理苗龄二叶一心到三叶一心时定植。定植密度约为每亩 3800 株。

58 津优 31 号黄瓜有什么特点？怎样种植？

津优 31 号是天津科润黄瓜研究所 2004 年育成的杂交一代黄瓜新品种。

该品种植株生长势强，茎粗壮，叶片中等大小，以主蔓结瓜为主，瓜码密，回头瓜多，单性结实能力强。瓜条顺直，皮色深绿、有光泽，刺密、瘤中等，心腔小，腰瓜长 33 厘米，瓜把为瓜长 1/8，单瓜重 180 克左右，心腔小于瓜横径 1/2，质脆味甜，品质好。生长期长，不易早衰，一般亩产 8000 千克左右，在良好的栽培管理条件下亩产量可达10 000千克。

该品种早熟性好，高抗枯萎病、白粉病、霜霉病、黑星病和枯萎病。耐低温弱光性好，在连续多日8～9℃低温及9000勒克斯弱光条件下生长发育基本正常，是越冬日光温室栽培的理想品种。适应性强，可在我国三北地区越冬日光温室推广，丰产稳产性好，优势明显。适于越冬、早春日光温室栽培。

该品种每年9月下旬至10月上旬播种，11月下旬开始采摘，直至第二年5月下旬。定植密度适中，亩保苗3500株。定植后切忌蹲苗。

59 津优32号黄瓜有什么特点？怎样种植？

津优32号是天津科润黄瓜研究所最新育成的杂交一代黄瓜新品种，适合日光温室越冬茬栽培，是国家“863”计划的最新成果。

该品种长势中等，茎蔓粗壮，侧枝较少，叶片中等，以主蔓结瓜为主，瓜码密，回头瓜多。瓜条棒状，顺直，长约33厘米，深绿色，有光泽，瓜把短，刺瘤明显，单瓜重约180克，心腔小，果肉淡绿色，质脆，味甜，品质优，维生素C含量高，商品性状好。生长期长，栽培生育期可达8个月，不早衰，丰产性好，亩产可达1万千克，较对照品种增产约15%。

该品种对黄瓜霜霉病、白粉病、枯萎病、黑星病四大病害具有较强的抵抗能力。耐低温、弱光能力强，短时0℃低温不会造成植株死亡，在连续多日8～9℃低温环境中仍能正常发育，在最低温6℃条件下仍能正常结瓜，植株生长后期耐高温能力强，在34～36℃条件下亦能结瓜。在连续阴雨10天，平均光照强度不足6000勒克斯时仍能够收获果实。亩产可达10 000千克，比对照品种增产10%。适合华北、东北和西北地区日光温室越冬栽培和冬春茬日光温室早熟栽培。

该品种华北地区一般在9月下旬播种育苗定植，每年11月下旬开始采摘，直至第二年 5 月下旬。

60 津育 5 号黄瓜有什么特点？怎样种植？

津育 5 号是用自交系 A－8 和锦 3105 配制而成的一代杂种黄瓜品种。

该品种长势强，株型紧凑，以主蔓结瓜为主，第一雌花着生在第 4 节左右，雌花节率 50% 左右，回头瓜较多。瓜条顺直，长棒状，瓜把较短，腰瓜长 30 厘米左右，单瓜重 150～200 克。瓜色深绿，有光泽，刺瘤较密，果肉淡绿色，脆嫩味甜，心腔小，品质优。早熟，瓜条生长速度快，早期产量高，越冬栽培亩产可达 7500～10 000 千克。

该品种耐低温、弱光能力强，在温度低、光照弱的冬季可获得较高的产量。短期 5℃低温下植株不受伤害，温度回升后可迅速恢复生长，不易早衰，越冬栽培生育期可达 8 个月，采收期 6 个月左右。对枯萎病、霜霉病、白粉病的抗性强。适宜东北、华北、西北地区日光温室越冬茬和春大棚栽培。

该品种华北地区日光温室越冬栽培，9 月下旬至 10 月上旬播种，育苗，10 月下旬至 11 月中旬定植。苗龄 30～35 天，津育 5 号虽然叶片较小，但每亩仍应定植 3500 株左右为宜，不仅能保证优良的通风透光环境，而且有利于高产。

61 津绿 2 号黄瓜有什么特点？怎样种植？

津绿 2 号是杂种一代黄瓜品种。该品种植株生长势强，以主蔓结瓜为主，早熟性好，第一雌花着生在第 3～5 节，瓜条顺直，瓜长 30 厘米左右，瓜皮深绿色，刺瘤明显；单瓜重 150～220 克，瓜把短，瓜肉浅绿色，质脆味甜，品质优良。丰产潜力大，从播种到采收 50～55 天，一般亩产量 7500 千克以上。

该品种苗期较耐低温，较津优 2 号早熟 5～7 天。抗病性强，高抗枯萎病、霜霉病、白粉病，适合三北、华东和华中地区早春简易冬暖棚或大、中拱棚栽培。

该品种在冬暖棚内提前到12月下旬育苗，苗龄35天，2月上旬定植；若在大拱棚内栽培，育苗期应在1月中下旬，定植期在3月上旬，大棚内套小棚，10厘米地温稳定在12℃时定植，应提前10~15天扣大棚膜，做小高畦，选晴天上午定植。若定植时地温过低易出现沤根或锈根现象；若在中、小拱棚栽培育苗期应推迟到2月上中旬，定植期在3月中下旬，覆盖地膜，始收期在4月底，采收期80天左右。

62 津春3号黄瓜有什么特点？怎样种植？

津春3号是天津市黄瓜研究所育成的日光温室专用一代杂交种。

该品种植株生长势强，茎粗，叶肥大，叶色深绿，分枝力中等，适宜密植，单性结实能力强，第一雌花着生在3~4节，以主蔓结瓜为主，瓜码密，结瓜集中。瓜条棒形，长30厘米，横径约3.0厘米，单瓜重200~300克，瓜条顺直，瓜色深绿，刺瘤适中，白刺，有棱，把短，瓜头无黄色条纹，风味较佳。一般亩产5000千克以上。该品种丰产性不及新泰密刺，但瓜把短，商品率极高。

该品种早熟性好，从播种至始收60天左右。抗病能力强，抗霜霉病、白粉病，耐低温和弱光，适于华北地区保护地越冬栽培。

该品种播种期为9月下旬至10月上旬，苗龄30天左右，培育壮苗，适期定植。也可在12月播种，1~2月定植。亩栽2300~4000株。宜采用高畦地膜覆盖定植。该品种前期产量高，后期易早衰。因此在管理上应加强后期促根复壮和叶面喷肥。

63 中农9号黄瓜有什么特点？怎样种植？

中农9号是中国农业科学院蔬菜花卉研究所新近育成的早中

熟少刺型杂种一代。

该品种生长势强，第一雌花始于主蔓3～5节，每隔2～4节出现一雌花，前期主蔓结果，中后期侧枝结瓜为主，雌花节多为双瓜。瓜短筒形，瓜色深绿一致，有光泽，无花纹，瓜把短，刺瘤稀，白刺，无棱。瓜长15～20厘米，单瓜重100克左右。亩产7000千克以上，周年生产产量可达到30千克/平方米。抗枯萎病、黑星病、角斑病等。具有较强的耐低温弱光能力。适宜华北地区春棚、春茬日光温室及越冬日光温室栽培。

该品种华北地区越冬茬日光温室9月中下旬至10月上中旬播种育苗，苗龄25～30天左右。早春日光温室1月中旬育苗，2月中旬定植，3月中旬始收。春棚2月中下旬育苗，3月中下旬定植，4月中下旬始收。秋棚7月下旬至8月上旬直播，9月中下旬始收。亩栽2500～3000株。日光温室越冬茬最好采用南瓜嫁接。

64 中农12号黄瓜有什么特点？怎样种植？

中农12号是中国农业科学院蔬菜花卉研究所最新育出的适于露地和保护地栽培的早中熟一代杂交种。2003年通过山西省农作物品种审定委员会认定。

该品种生长势强，主蔓结瓜为主，第一雌花始于主蔓第2～4节，每隔1～3节出现1个雌花，瓜码较密。瓜色深绿，瓜长30厘米左右，有光泽，无花纹，白刺，瓜把短，约2厘米(小于瓜长的1/8)，具刺瘤，但瘤小，易清洗，且农药的残留量小，白刺，质脆，味甜，瓜条商品性极佳。早熟性，从播种到第一次采收50天左右。单瓜重150～200克，前期产量高，丰产性好，每亩产量为5000千克以上。

该品种抗霜霉病、白粉病、黑星病、枯萎病、病毒病等多种病害，为综合性状优良的保护地、露地栽培新品种。适合华北地区春保护地、早春露地及秋冬保护地栽培，尤其适于短季节速生栽培。

该品种华北地区春茬日光温室1月中旬育苗，2月中旬定植，3月中旬始收。春大棚2月中下旬育苗，3月中下旬定植，4月中下旬始收。春露地3月中旬播种，4月中下旬定植，5月底始收。该品种侧枝少，适于密植，亩栽4000株左右。秋棚延后栽培可在7月上旬直播或育苗。

65 中农13号黄瓜有什么特点？怎样种植？

中农13号是中国农业科学院蔬菜花卉研究所选育的日光温室专用雌型黄瓜新品种，该品种获国家发明专利。

该品种植株生长势强，生长速度快，以主蔓结瓜为主，侧枝短，回头瓜多。第一雌花始于主蔓第2~4节，其后连续雌花，雌花率50%~80%。单性结瓜能力强，连续结果性好，可多条瓜同时生长。瓜条棒形，长25~35厘米，瓜粗3.2厘米左右，瓜色深绿，有光泽，无花纹，瘤小刺密，无棱，肉厚、质脆、味甜、品质佳、商品性好。单瓜重100~150克，每亩产量为6000~7000千克。

该品种耐低温弱光性突出，在夜间10~12℃下，植株能正常生长发育。早熟，从播种到始收62~70天。高抗黑星病、枯萎病、疫病及细菌性角斑病，耐霜霉病。适宜东北、华北、华东地区日光温室栽培。

该品种华北地区日光温室冬茬10月上旬育苗，苗龄20~25天，日光温室春茬1月上旬育苗，苗龄30~35天，小苗2~3片叶定植。抹去基部5节以下的雌花，以利集中养分早结瓜。适当稀植，每亩栽3000~4000株。不嫁接，不蹲苗。该品种耐低温不耐高温，苗期温度不低于12℃，采收期温度控制在30℃。育苗每亩用种量150克。

66 夏秋1号黄瓜有什么特点？怎样种植？

夏秋1号是天津神农种业公司最新育成，适于夏秋露地栽培的专用品种，其耐高温长日照，品质优良，抗病丰产。该品种商品性好。瓜条顺直，棒形，刺瘤较明显，单瓜重200克左右，瓜长32~35厘米。瓜色深绿有光泽，瓜把短，瓜头无黄线，果肉浅绿，质地清脆。抗病丰产性优于其它露地品种，高抗霜霉病、白粉病、枯萎病。以主蔓结瓜为主，第一雌花着生在3~5节，植株紧凑，生长势中等，较早熟。尤其适宜夏秋露地种植，苗期处于高温长日照下，仍能正常结瓜，瓜码较密，产量高，亩产可达5500~6000千克。

长江以南地区适宜夏秋露地播种。直播或育苗均可，播后40~45天开始采收。每亩保苗3200~3500株，苗期注意促控结合。亩施底肥5000千克，再增施磷酸二铵30千克，有条件的再施些钾肥。结瓜后及时追肥浇水，灌水量不能过大，要小水勤浇，结合浇水进行追肥。夏季暴雨后，及时压清水，降土温。露地黄瓜容易感染病虫害，特别是以霜霉病、炭疽病、蚜虫等为严重，田间一旦发现病斑立即喷药，控制病源。药剂交替使用，及时打掉老叶、病叶。

67 无籽黄瓜山农1号有什么特点？怎样种植？

山农1号是山西农业大学育成的我国第一个无籽黄瓜品种。

该品种全雌性，植株从第二节起节节有瓜，而且整株雄花很少，几乎不能授粉受精，因而形成无籽黄瓜。瓜条顺直翠绿、无黄条、瘤刺中等；果肉厚，质地细嫩，口感甜脆，幼果脆嫩，风味清香，瓜长35厘米，最大瓜长48厘米。单株产量最高可达7千克。极早熟，从播种到根瓜收获不到50天。

该品种抗逆性强，耐低温、耐弱光，1998年1月下旬连续9

天阴雨雪天，日光温室内降到3℃仍可正常生长。高抗白粉病和枯萎病，而且耐霜病，该品种最适宜冬春在日光温室大棚嫁接栽培。

该品种宜冬、春各种类型保护地栽培。苗龄30～35天。一般无霜期在100天左右的地区每年可栽培一茬露地和两茬日光温室黄瓜。行距宜采用90厘米加60厘米的宽窄行，株距25～30厘米，最好采用吊架。每亩留苗3500～6000株。

68 京乐5号无刺黄瓜有什么特点？怎样种植？

京乐5号为京乐系列迷你黄瓜品种，由北京农乐蔬菜研究中心经过多年的研究，成功培育出优质、高产、抗病杂交一代。

该品种植株长势强，分枝多，节间短，叶片较大，全雌性，以主蔓结瓜为主，节节有瓜，一节多瓜。果实表面光滑，亮绿色，带棱，有光泽，商品瓜长16～22厘米，横径2.5～3厘米，单瓜重80～100克，肉厚、腔小、质脆嫩，清香，微甜，适生食，商品性优良，是理想的无刺黄瓜。单株产量3～5千克，亩产10 000～15 000千克。该品种较早熟，从出苗至采收55～60天，耐低温弱光能力强，较耐霜霉病、白粉病和枯萎病，抗细菌性角斑病、黑星病等病害。适合秋冬茬、早春保护地及露地种植。

该品种秋冬茬日光温室栽培一般8月份播种，9月上中旬定植，10月份开始采收，采收期可延至第二年1月中旬，主要供应国庆节、元旦和春节市场。秋冬茬苗期高温多雨，后期低温寡照。黄瓜生长期间，日照由长变短，由强变弱，温度由高变低，所经历的条件与自然条件下生长的黄瓜相反。因此，在整个栽培管理中应注意环境条件变化的特殊性。

69 京乐1号无刺黄瓜有什么特点？怎样种植？

京乐1号为京乐系列迷你黄瓜品种，由北京农乐蔬菜研究中心经过多年的国际合作研究培育出的优质、高产、抗病杂交一代。

该品种植株生长势强，全雌性，主侧枝结瓜，一节多瓜，果实短小，表面密生小刺瘤，瓜长 10～13 厘米，单瓜重60～80 克，亩产 5000～10 000 千克，果实除鲜食外还可用于加工。肉质脆嫩，商品性优良。该品种抗细菌性角斑病、黑星病，中抗霜霉病、白粉病和枯萎病，耐低温弱光。是目前国内最早熟的迷你黄瓜，从出苗到采收 40 天左右。适合早春保护地及露地栽培，也可以进行秋冬保护地种植。

该品种北京地区春大棚栽培 2 月下旬播种，3 月中下旬定植，小拱棚覆盖露地早熟栽培 3 月中旬播种，4 月中旬定植于小拱棚内，5 月上旬撤出小拱棚。

70 京乐 168 无刺黄瓜有什么特点？怎样种植？

该品种长势强，叶片较大，全雌性，主侧蔓结瓜，节节有瓜，一节多瓜。商品瓜长 13～15 厘米，横径 2.5～3 厘米，单瓜重 60～70 克。单株产量 3～5 千克，亩产 5000 千克左右。质脆嫩、清香、微甜，品质上乘，适于鲜食。耐低温弱光能力强，较耐霜霉病、白粉病和枯萎病，抗细菌性角斑病、黑星病等病害。适合秋冬茬日光温室栽培。

该品种秋冬茬日光温室栽培一般 8 月份播种，9 月上中旬定植，11 份开始采收，采收期至第二年 1 月中旬，主要供应国庆节、元旦和春节市场。秋冬茬苗期高温多雨，后期低温寡照。黄瓜生长期间，日照由长变短，由强变弱，温度由高变低，所经历的条件与自然条件下生长的黄瓜相反。因此，在整个栽培管理中应注意环境条件变化的特殊性。

71 戴多星无刺黄瓜有什么特点？怎样种植？

戴多星是从荷兰瑞克斯旺公司引进的一代杂交种。该品种生长势中等，生产期长，每节1～2个果。瓜型短小，心室占50%左右，品质好，味道好。综合表现最佳。瓜墨绿色，微有棱，当黄瓜长到长度为10～13厘米，直径为2～3厘米时，及时采收。该品种抗黄瓜花叶病毒病，耐霜霉病、叶脉黄纹病毒病和白粉病。适合夏、秋季、早春日光温室和大棚种植。

该品种秋冬日光温室一般在7月下旬至8月中旬播种，越冬黄瓜的适播期为9月下旬至10月上中旬，早春日光温室和大棚在11月中旬至第二年2月初在日光温室内播种育苗，戴多星的根系比较脆弱，容易断根，不宜多次移植，且种子昂贵，所以应采用营养钵或纸筒育苗。

72 康德无刺黄瓜有什么特点？怎样种植？

该品种生长势旺盛，耐寒性好，产量高、品质好。孤雌生殖，单花性，每节1～2个果。果实采收长度12～18厘米，表面光滑，味道鲜美，适合出口。孤雌生殖，每节结1～2个瓜，产量高。耐寒性好，耐霜霉病，抗白粉病。

适合早春、秋延后、越冬日光温室栽培。秋冬日光温室一般在7月下旬至8月中旬播种，越冬黄瓜的适宜播种期为9月下旬到10月上中旬，早春日光温室和大棚在11月中旬到翌年2月初在日光温室内播种育苗。为提高植株的抗病、耐寒和抗逆性，生产中采用黑籽或白籽南瓜进行嫁接育苗。

73 春光2号无刺黄瓜有什么特点？怎样种植？

春光2号是中国农业大学利用多个荷兰日光温室型黄瓜材料及我国华北系春黄瓜种质资源，最新选育成功的新型无刺黄瓜。

该品种植株生长健壮，叶片大小适中，以主蔓结瓜为主，强雌型（雌花节率60%～70%），可多条瓜同时生长，瓜长20～22厘米，瓜粗4～5厘米，棒状，整齐度高，果面光滑，皮色鲜绿，有光泽。果肉厚、皮薄、种腔小(小于横径的1/3)，质脆，口感香甜爽口，是宜鲜食的无刺黄瓜。丰产性强，每亩产量可达5000千克以上。该品种低温生长性能好，耐低温、短弱光照条件，能在12～16℃偏低夜温下生长，对保护地主要病害——枯萎病、角斑病、霜霉病、黑星病等具有较强抗性。适于秋冬茬、冬春茬保护地栽培。

该品种为一代杂交种，耐寒不耐热，不适宜一般露地条件栽培和留种。日光温室栽培适宜苗龄为30天，大棚栽培苗龄45～50天，亩基本苗数4000～4500株。日光温室秋冬茬栽培8月下旬播种，冬春茬栽培宜1月中下旬播种，每亩用种4000粒。种子先用75%百菌清500倍液浸种30分钟，再用30℃温水浸种8小时，于30℃恒温催芽20～24小时，种子露白(胚根长0.5厘米)即可播种。

74 拉迪特无刺黄瓜有什么特点？怎样种植？

该品种生长势中等，叶片小，叶片淡绿色。产量高，孤雌生殖，多花性，每节3～4个果，果实采收长度12～18厘米，表面光滑，味道鲜美。抗黄瓜花叶病毒病、白粉病和疮痂病。拉迪特品种以其高产、优质、果形好的特性备受出口商和高档超市的青睐。适合早春和秋延迟日光温室和大棚栽培。

该品种荷兰黄瓜嫁接育苗，可选取黑籽南瓜作砧木，亲和力好，可以增强黄瓜耐寒和耐高温性。秋冬茬和越冬茬的栽培，育苗时间争取提早到9月中下旬，最晚为10月中下旬。选用采光好、保温好、严冬最低温度不低于8℃的棚室栽培。

75 中农19号无刺黄瓜有什么特点？怎样种植？

中农19号为中国农业科学院蔬菜花卉研究所最新推出的光滑小刺型杂种一代。

该品种长势和分枝性极强，顶端优势突出，节间短粗。第一雌花始于主蔓1~2节，其后节节为雌花，连续坐果能力强。瓜短筒形，瓜色亮绿一致，无花纹，果面光滑，易清洗。瓜长15~20厘米，单瓜重约100克，口感脆甜不含苦味素，富含维生素和矿物质。丰产，亩产最高可达10 000千克以上。抗枯萎病、黑星病、霜霉病和白粉病等，具有较强的耐低温弱光能力。适宜越冬日光温室、春棚、春茬日光温室栽培。

该品种华北地区春茬日光温室1月中旬育苗，2月中旬定植，3月中旬始收。春棚2月中下旬育苗，3月中下旬定植，4月中下旬始收。越冬茬9~10月份播种育苗，可用南瓜嫁接。亩栽2000~2500株。打掉全部侧枝及5节以内雌花，注意疏花疏果，及时摘除畸形瓜扭，植株及时整枝落蔓。施足底肥，勤浇水追肥，商品瓜及时采收。该品种不宜喷乙烯利、增瓜灵等激素。育苗每亩用种量约100克。

76 新世纪无刺黄瓜有什么特点？怎样种植？

新世纪是青岛市农科院蔬菜研究所利用引进的以色列材料育成的优质品种。

该品种长势强，侧枝多，强雌性，坐瓜能力强，从第2~3节起节节有瓜，并且多数有2~3个瓜胎。瓜条生长速度快，单性结实能力强，主侧蔓同时结瓜。瓜条顺直，短圆筒形，瓜皮绿色，瓜表面光滑无棱沟，青刺稀少且极小。瓜长19厘米，横径约2.8厘米，单瓜重100克，产量高，每亩产在1万~1.5万千克以上。风味好，品质优。该品种耐贮运，适合超市销售或出口。该品种中熟，耐低温弱光，抗病性强，抗枯萎病，较抗霜霉病、白粉病、细菌性角斑病。适合春、秋保护地栽培。优质抗病，属保护地专用品种。

该品种春提早栽培，以能在塑料大棚内安全定植为准，向前推50天左右为适宜播种期，一般在1月下旬至2月上中旬播种，定植后覆地膜。秋延迟栽培可于8月上中旬干籽直播，播前浇足底水，苗期一般不浇水追肥。因其侧枝较多，拱圆棚适宜垄栽，大行距80厘米，小行距40厘米，株距30～40厘米，栽植密度以每亩3000～3500株为宜；大型连栋日光温室栽植密度以每亩1800株左右为宜。

特别提示

选用适宜的优良品种是黄瓜优质、高产、高效益生产的重要措施。目前黄瓜新品种繁多，在选用品种时千万不可盲目。选用品种时要考察市场，了解消费群体习惯。其次要了解品种的生态型与当地生态条件是否一致。选用品种时特别要注意品种的光周期特性，也就是说品种适合在什么地区栽培和在什么季节栽培，黄瓜大多属短日照性作物，在短日照条件下雌花芽分化早，节位低。例如原产低纬度地区适宜春播的华南型黄瓜品种，如将其北移进行夏秋播，生育前期处于长日照下，则雌花少、节位高，会大减产。另外，就是要从正规渠道引进已审定检疫的品种。

5

黄 瓜 的 育 苗

77 黄瓜苗期生长发育对温度有什么要求?

黄瓜是喜温性植物，如连续在 -2 ~ -1℃低温下几小时即枯死。在40℃以上高温下萎蔫，50 ~60℃下几小时枯死。黄瓜幼苗的生育适温为白天25 ~32℃，夜间15℃左右。

在光照不足的冬春季育苗，提倡这样的温度管理：前半夜保持16℃左右，以促进物质运转；其后，温度降至10℃左右以防止消耗。在气温较高的情况下，以稍低的地温处理较好；而气温低的情况下，以地温稍高的处理区幼苗较好。

78 黄瓜苗期生长发育对光照有什么要求?

光合作用随日出开始进行，一直持续到日落。但其60% ~70%是在上午进行的，下午光合效率下降。因此，在缺少日照的条件下，上午采光很重要，所以要及时揭开苗床的覆盖物。即使在育苗后期，黄瓜幼苗下部叶片仍积极进行光合作用。因此，在适当的时候进行移苗，把株距扩大可改善光照，提高光合强度。长时间弱光条件下，可尝试人工补光。

79 黄瓜苗期生长发育对水分有什么要求?

黄瓜幼苗生长需要较多的水分。如果幼苗有足够大的营养面积，就可以通过控制温度来控制幼苗的生长发育。如果环境温度过低，则不能给予过多水分，以防沤根。

水分不足时，叶小，颜色变暗，叶片不新鲜；严重时叶片周围皱缩、萎蔫，恢复不过来。水分过多时，如果伴随高夜温、弱光照，很容易造成幼苗徒长，子叶薄，先端或全叶黄萎后上面带有水分；幼苗生长点开展，小而直立；节间长，茎细而高；叶柄长，叶大而薄，色淡绿，早晨叶缘有“吐水”现象。如果高湿伴随低温，就很容易发生“沤根”现象，根系部分变黄，枯萎，甚至腐烂，叶片深绿而不舒展，部分叶片边缘或全部枯黄。

80 黄瓜苗期生长发育对二氧化碳浓度有什么要求？

大气中的二氧化碳浓度远不能满足黄瓜幼苗光合作用的需要。在密闭或半密闭的苗床内，二氧化碳浓度很不稳定，幼苗经常处于二氧化碳“饥饿”状态。试验表明，育苗期间施二氧化碳能提高黄瓜光合作用并有利于抑制呼吸作用，从而使幼苗株高、茎粗、叶片数增加；幼苗干鲜重增加；根系生长旺盛，活力提高。并且花芽素质好、节位下降、抗逆性增加。所以育苗期间进行二氧化碳施肥，有利于壮苗，获得较高的早期产量。

81 冷床育苗有什么特点？

黄瓜苗床通常在日光温室内采用地床做畦，畦面摆放育苗钵进行秧苗培育，由于没有增加地温的设备，因此称之为冷床。

一般黄瓜夏季育苗前 15 ~ 20 天应该准备育苗床和育苗基质，深翻土壤并进行暴晒，育苗床宽度一般为 1.3 米左右，由于夏季雨水多，应做成深沟高畦，四周开挖排水沟。育苗培养土直接铺在苗床上，厚度 10 厘米左右。如果采用无土育苗，则需将配制好的育苗基质装入育苗容器中，夏季蔬菜育苗的育苗容器可选用育苗穴盘、塑料营养钵和纸钵等，在播种前应将育苗基质装入相应的育苗容器中。

82 电热温床育苗有什么特点？（视频7）

电热温床就是在阳畦内铺设加温电线，通电后发出热量提高苗床温度的温床。可在阳畦的基础上建造。用单斜面、半拱单斜面、改良阳畦、小拱棚等形式的阳畦均可。1000瓦的地热线长度约为100米，按照10～12厘米的间距布线，可做成10～12平方米的电热温床。

建造时挖土可较阳畦浅，一般挖土15厘米左右，然后在温床底部将隔热碎草等物填好、踏实，厚10～12厘米，再填土3～4厘米，将隔热物盖住、耙平，进行铺线。铺线时为使床温均匀，补偿苗床南北墙散热，床南墙的线距要小，中部要大，北部再稍小，一般为8～12厘米，要先按规定线距在畦两端插木棍，以便绕线，线绕好后，填5厘米细沙埋线。每根电热线之间不能串联，应并联使用，往返趟数都应为偶数，线铺好后，连接控温仪、开关、电源线；连接后试通电，观察有无异常。最后填土10～13厘米，整平畦面，浇水后待播种。线距之间为保证安全和方便，应连接保险丝和闸刀。另外，为节约热量，保持床温，避免热量外散，电热温床应设有保温层，要备足碎草、树叶、稻壳等隔热物。

特别提示

地热线要拉直，不要打结、交叉，严禁地热线贴紧、打卷儿、露出土壤等现象发生；地热线不得有断头、破损等，防止漏电，造成事故；取出地热线时，严禁用铁锹等工具挖掘，以防造成地热线断头、绝缘层破损。电热温床因温度较高，幼苗出土后应加强放风，注意锻炼幼苗，防止徒长。同时因地温较高，水分蒸发大，畦面容易干燥，应及时灌小水或喷水。

83 夏季育苗为什么要搭建遮阳防雨棚？（视频8）

夏季蔬菜育苗除苗床外，一定要采用遮阳防雨设施，利用大棚、中棚或小拱棚支架，上面覆盖遮阳网、防虫网，可以有效降低夏季高温和暴雨对蔬菜育苗的不利影响。

一般塑料薄膜的防雨棚多搭成天棚形式，将棚膜固定牢固，防止暴风雨对幼苗的直接冲刷，四周留出30～50厘米高的风口，以便通风降温。在生产上，常用的遮阳网幅宽多为1.8～2.5米的黑色遮阳网，遮光率有20%～75%等不同规格，可使用3～5年。

特别提示

夏季高温高湿，搭建遮阳防雨设施，可以有效改变育苗的环境条件。

84 黄瓜育苗时怎样配制营养土？

使用的有机肥要充分腐熟，打碎过筛。土和有机肥的体积比为6:4～7:3，根据有机肥的肥力确定。有草炭的地方，可用草炭加优质粪肥作有机肥。土、草炭、优质粪肥的比例为5:4:1。采用钵盘育苗时，营养土用量较少，要求保肥、保水性能好，可用蛭石代替园田土。蛭石和有机肥的比例各50%。每立方米营养土加入15－15－15复合肥1.5千克或磷酸二铵、硫酸铵各500克。为防止土传病害，每立方米营养土加入70%甲基托布津或50%多菌灵100克。

也可用20%腐熟马粪、20%陈炉灰、10%腐熟大粪面、50%葱蒜茬土；另一种也可用50%腐熟马粪、10%陈炉灰、20%腐熟大粪面、20%葱蒜茬土。如果有草炭土最好用它代替葱蒜茬土。上述混合营养土每立方米中加过磷酸钙4千克、草木灰1千克、硝酸铵 1 千克。

特别提示

黄瓜育苗床土配制各地有所不同，但都要求育苗的营养土质地疏松、肥力较好、无病虫害。生产上常用近几年没有种过瓜类和棉花的园田表土。

85 怎样进行床土消毒？（视频 9）

进行床土的消毒，可以采用 25% 甲霜灵可湿性粉剂与 70% 代森锰锌可湿性粉剂，按 1: 1 比例混合，每平方米用药 8 ~ 10 克与 15 ~ 30 千克细土混合，播种时将 2/3 混合土铺于床面，1/3 混合土盖于种子上。或者是 50% 多菌灵可湿性粉剂与 50% 福美双可湿性粉剂按 1: 1 混合，每平方米苗床用药 8 ~ 9 克与 15 ~ 30 千克的细土混合均匀，播种时 2/3 铺于苗床，1/3 盖在种子上。或者每平方米床土用福尔马林 30 ~ 50 毫升，加水 3 升喷洒。用薄膜密闭 5 天，揭膜 15 天后播种。

如果是上年种过黄瓜的日光温室，采取高温灭菌是非常重要的，方法是在 7 ~ 8 月份的高温休闲季节，将日光温室内的土壤或苗床土翻耕后覆盖地膜，再盖上棚膜闷棚 1 周，杀菌效果显著。

特别提示

床土消毒的目的在于杀死土壤中的病源和害虫。

86 怎样确定黄瓜的播种期？

黄瓜种子发芽的最低温度是 12.7℃。平均气温上升到 15℃，5 厘米的地温稳定上升到 12℃是春露地直播黄瓜的播种适期。如果盖地膜，膜内5厘米的地温上升到15℃是播种适期。如果是育苗移栽，要求过了终霜期，10厘米的地温达到8℃。确定了定植期后，再根据黄瓜品种的成熟期及耐寒性向前推35～45天就是播种适期。

春大棚黄瓜，以大棚内安全定植期为准向前推40～60天为播种适期。从南到北为1月上旬到2月中旬。

夏露地黄瓜主要以计划上市时间，及前茬的腾茬情况确定播种期。一般在6月上旬到7月中旬。

秋露地黄瓜，要求在初霜前采收结束，再根据黄瓜品种总生长期，确定最晚播种期。从北到南播种期为6月中旬到8月上旬。

秋大棚黄瓜则要求在棚内最低气温下降到5℃前采收结束。华北地区一般在8月中旬到8月下旬播种。

秋冬茬黄瓜，主要满足大棚秋延后黄瓜之后和温室越冬茬黄瓜上市之前的市场供应，既要避开秋冬茬黄瓜的上市高峰，又要在秋季光照条件较好时培养起壮株，搭好丰产架子，从北到南播种适期为8月初到8月底。

冬春茬黄瓜由于温室的保温性能好，主要依据市场需求确定播种期。一般要求元旦前上市，春节达到采收高峰，以此推算10月上旬为播种适期。

特别提示

黄瓜栽培由于茬口、栽培设施、天气、品种、市场需求等因素的多样性，因而确定黄瓜合理的播种期是一个较为复杂的问题。总的原则是在温度等基本条件能满足黄瓜生长的前提下，尽可能使黄瓜的采收高峰期和市场需求相吻合，以保证黄瓜的周年供应，取得较高的经济效益。

87 怎样进行黄瓜种子消毒?

黄瓜种传性病害有多种，主要有炭疽病、黑星病、黑斑病、细菌性角斑病等，所以在播种前应进行种子消毒。黄瓜种子的消毒方法很多，这里介绍3类消毒方法，各地可以根据当地的条件选择应用。

种子包衣 种衣剂中包含杀灭种传病害和地下害虫的杀菌剂、杀虫剂，能促进种子发芽和黄瓜生长的微量元素肥料和植物生长调节剂。现在部分商品种子在出厂前已经包衣，使用这样的种子不需要再进行消毒处理。

温汤浸种 温汤浸种是利用干种和病菌对高温的耐受力的不同，通过高温杀死种子表面的病菌。将干种投入55～60℃的温水中，不断搅拌，并不断添加热水，保持55～60℃的水温10分钟。温度降低到28～30℃再浸种4～6小时。

药剂浸种 用77.2%普力克水剂或25%甲霜灵可湿性粉剂800倍液，浸种20分钟，对黄瓜疫病有很好的防效。50%福美双可湿性粉剂500倍液浸种20分钟，可预防炭疽病、蔓枯病的发生。用新植霉素200毫克/升溶液浸种1小时，或用100万单位的硫酸链霉素或氯霉素500倍溶液浸种2小时，再用清水冲洗干净，对黄瓜细菌性病害有很好的防效。

特别提示

种子消毒是防止种传病害最为经济、有效的方法，是预防苗期病虫害的一项不可缺少的措施。由于种子处理用药量很少，而且离黄瓜收获期长，几乎不存在农药残留的问题，也是无公害栽培很需要的手段。

88 怎样进行黄瓜种子浸种催芽？（视频 10）

对黄瓜种子进行浸种催芽可提高发芽率，早期产量增加十分明显。

浸种 经过温汤浸种或药剂浸种的种子再在 25～30℃的温度下浸种 4～6 小时，使种子吸足其干重的 50%～60%的水，然后用手搓洗种皮上的黏液，清除发芽抑制物质，漂去杂质和瘪籽，并用清水冲洗干净。

催芽 种子浸种处理后，捞出清洗一遍，去水甩干，用布包好，置于 27～30℃温度下催芽，催芽过程中要常翻动种子，使种子承受温度均匀，经 24 小时左右便开始出芽，种子露出根尖时，温度可适当降低，维持 22～26℃，经两天左右可以出齐。如在发芽后恰遇阴天不能播种，则可用湿毛巾将种子包好放在 10℃左右的冷凉处，抑制幼芽继续生长，这种做法叫“蹲芽”。

89 黄瓜播种时应注意哪些环节？

钵盘或营养钵装好营养土，摆放在事先准备好的苗床内，浇一次透水，等水渗下去后，把露白的种子摆放在营养钵的中间，每钵播一粒种子，然后盖上 1 厘米左右的营养土，然后盖地膜保温、保湿。夏秋育苗，可盖草帘保湿防晒。在 70%种子拱土时揭去薄膜，以防烤苗。

90 黄瓜嫁接方法有哪几种？（视频 11）

靠接法 黄瓜较砧木南瓜早播种 3～5 天，选用生长高度相近的砧木和接穗幼苗进行嫁接。嫁接适期：南瓜 2 片子叶平展，真叶高粱粒大小，黄瓜幼苗的第一片真叶刚出现。嫁接操作时把黄瓜苗和南瓜苗从沙床取出，去掉南瓜苗真叶，用刀片在南瓜子叶下 1 厘米处，按 35°～40°角向下斜切一刀，深度为茎粗的 1/2，然后在黄瓜子叶下 1.5～2 厘米向上斜切一刀，角度 30°左右，深度为茎粗 3/5，把 2 个切口互相嵌入，使黄瓜 2 片子叶压在南瓜子叶上面，用嫁接夹固定，也可用 1 厘米宽薄膜条剪成 5～8 厘米长，包住切口，用曲别针固定。

十字形顶插接 这种操作简单，易学，不需要绑扎，嫁接速度快，工效高，插接部位紧靠子叶节，细胞分裂旺盛，愈合快，成活率高。将砧木苗育于营养钵中，培育壮苗。接穗黄瓜苗育于育苗器中。嫁接时把苗移到操作台上进行嫁接。以云南黑籽南瓜作砧木为最好。黑籽南瓜比黄瓜早播 3～5 天，当砧木苗 9～11 天，子叶完全展开，第一真叶开始展开，黄瓜接穗苗播种后 3～9 天，子叶已充分开展，是嫁接的最适时期。嫁接在温室内进行，并在室内温度 20～25℃，湿度 80% 以上，弱光条件下进行嫁接。嫁接工具有剃须刀片、喷雾器、嫁接台、坐椅、竹签。竹签自制，取一竹片，一端削成比黄瓜下胚轴略粗的四棱形双斜面，长 0.5～0.7 厘米，另一端削成 0.4～0.8 厘米长的大斜面。斜面要平滑、无毛刺。将砧木去掉生长点，拇指和食指捏住砧木子叶节，用竹签在砧木上扎一孔，深度 0.5～0.7 厘米。注意不要扎破下胚轴表皮。接穗处理及嫁接：将接穗在子叶节下 1 厘米处削一斜面长 0.5～0.8 厘米，再从另一侧削 1 刀，削成双楔形面，然后将砧木上的竹签拔出，立即将接穗插入，推紧，使两者子叶着生方向呈十字交叉形。

断根靠接法 等南瓜出苗后再播黄瓜，可省去断根工序。南瓜长到一叶一心开始嫁接。南瓜的切口、去生长点方法同靠接。黄瓜是在生长点下 1 厘米，插入南瓜切口中吻合。用嫁接夹夹在接口处或用地膜条包绑。

特别提示

严格把握接穗的嫁接适期，是嫁接成功与否的关键。育苗数量大时，可分期播种，分批嫁接。

91 怎样培育黄瓜嫁接苗？

作砧木的主要品种是黑籽南瓜，亩用种量 1.5 千克，每千克 4400～4700 粒。种子催芽前要在阳光下晾晒 1～2 天，温水浸种 6 小时，搓洗 3～4 次，浸种后在室温 12～14℃的条件下晾 18 小时，使种子皮变干，再用 30℃催芽，2 天开始出芽。

嫁接后的黄瓜苗最好摆放在日光温室中较矮的架床上，若是摆放到地面上，则要先铺上稻草，然后再浇透水，并喷施 75% 百菌清可湿性粉剂 800 倍液防止病害发生。在苗上扣上小拱棚，使头 3 天的湿度能够达到饱和，即扣棚第二天膜上有水滴，薄膜要密封严实。小拱棚上盖纸被遮光，使头 3 天的秧苗不见光，但要注意开棚检查，切口未对上的重新对好，黄瓜苗有萎蔫的可重新补接上。通过保温或加温使头 3 天的白天温度达到 25～30℃，夜间 15～20℃。嫁接第 4 天可早晚各见光 1 小时。第 5 天各见 2 小时，第 6 天各见光 3 小时，第 7 天就可全见光了。这时要将南瓜子叶上未去干净的侧芽去掉。

特别提示

嫁接黄瓜有个缓苗过程，南瓜根系耐低温，可早定植，故要早播 10 天左右，否则影响早熟。嫁接成活率的高低与嫁接后的管理关系密切，特别是头 3 天的湿度要达到饱和，不见光。

92 冬春茬嫁接黄瓜如何调控温湿度？

嫁接可明显促进冬茬黄瓜生长，抗病性强，可根除土传病害，防止死秧，而且根系强大，吸收力强，耐低温，可提高产量20%左右。

采用直径8～10厘米、高10厘米的营养钵移栽嫁接苗，苗床上都要扣小拱棚，以保温保湿。嫁接苗完全成活后实行大温差管理，有利于雌花分化和发育，一般白天保持20～30℃，不超过33℃不需通风，前半夜15～18℃，后半夜11～13℃，早晨揭苫前在10℃左右，有时短时可降到5～8℃，地温保持13℃以上，短时可降到11℃，并保证适宜水分，充足光照。当幼苗三叶一心，株高10～13厘米，砧木和接穗的子叶均完好，叶色绿而有光泽，叶片先端较尖，叶片较厚，叶脉较粗，苗龄35～40天时定植。

特别提示

采取大温差有利于培育壮苗。这茬黄瓜育苗苗龄不必过长，一般长出3～4片真叶、苗高10～13厘米、苗龄30～40天即可定植。定植前，嫁接苗也要像自根苗一样进行低温锻炼。

93 怎样用穴盘工厂化培育黄瓜嫁接苗？

运用工厂化育苗技术，可一次性育出大量整齐优质的黄瓜种苗，而且操作方便，管理简单，成本低。

选用亲和力好、抗逆性强、且不改变黄瓜品质的优良品种作砧木，一般选用黑籽南瓜。

按草炭:珍珠岩:蛭石为3:1:1比例配制基质(冬季可2:1:1)，或草炭:蛭石为3:1。国产基质消毒时1立方米加200克百菌清，或喷800倍液甲基托布津45～60克。配制时1立方米另加优质氮、磷、钾(15:15:15)三元复合肥1.0～1.2千克，用水完全溶解后与基质混合均匀。

播种同其他嫁接方法。黄瓜播种10～13天，茎长8～9厘米，子叶发足，真叶初展1厘米左右为宜；黑籽南瓜播后5~7天，茎长7~8厘米，子叶展开，刚吐心叶时，为嫁接适期。嫁接方法采用靠接法或插接法。工厂化育苗高度密集，要搞好温、湿度的调控，空气湿度不宜过大，以防发生病害，可用硫磺发生器进行空气消毒。若发生猝倒病和立枯病，可选用绿亨2号可湿性粉剂600~800倍液或95%绿亨一号4000倍液喷雾防治，阴雨天用百菌清烟雾剂防治。

94 怎样进行黄瓜断根嫁接工厂化穴盘育苗?

采用断根嫁接技术进行黄瓜工厂化穴盘育苗，嫁接成活率达到100%，嫁接效率较传统方法提高30%以上，产量较自根苗提高10%左右，春季提早上市5~7天。早春栽培多在设施中进行，接穗宜选用适合设施栽培的优良品种，如津春2号、津优1号等。砧木宜选用抗性强、耐低温性强的黑籽南瓜，新土佐和超级拳王等白籽南瓜，超丰8848瓠瓜等。断根嫁接一般在砧木长到一叶一心，接穗子叶平展时进行，因此砧木一般比接穗早播3天左右。当砧木50%出苗时，接穗开始浸种。

嫁接一般在温室内进行，适当遮光，温度控制在20~25℃为宜。嫁接工具用70%医用酒精消毒，嫁接前1天用72.2%普力克水剂600~800倍液加农用链霉素400万单位的混合液喷洒砧木和接穗。采用断根顶插接法，即先将砧木断根，然后采用顶插接法嫁接。

嫁接时用刀片将砧木从茎基部断根，去掉砧木生长点，用竹签紧贴子叶叶柄中脉基部向另一子叶柄基部成45°左右方向斜插，竹签稍穿透砧木表皮，露出竹签尖；然后在接穗苗子叶基部0.5厘米处平行于子叶斜削一刀，再垂直于子叶将胚轴切成楔形，切面长0.5~0.8厘米；拔出竹签，将切好的接穗迅速准确地斜插入砧木切口内，尖端稍穿透砧木表皮，使接穗与砧木吻合，子叶交叉成“十”字形。嫁接后立即将断根嫁接苗插入50孔穴盘内进行保温育苗。

嫁接后管理可以参考本书相关内容。当嫁接苗成活后，植株二叶一心时即可定植。

特别提示

黄瓜嫁接是黄瓜根被南瓜根替换的栽培方式。黄瓜嫁接可以减少由于连作带来的土传病害，特别是对枯萎病、疫病有预防效果，且早熟高产；可以提高移植成活率，缩短缓苗期；由于南瓜根系发达，耐低温抗高温，嫁接后提高了黄瓜的抗逆性。

95 低温炼苗有哪几种方式？技术环节如何把握？

低温锻炼可以增强植株抗寒能力。主要有3种方式，即种子冰冻处理和变温催芽、幼芽低温锻炼，以及定植前低温锻炼。

种子冰冻处理和变温催芽 种子刚刚张嘴或露出胚根后，把种子放在0~2℃的菜窖或冰箱内，进行低温锻炼1~3天，取出后缓慢消冻。再进行变温催芽，放在20~25℃的温度下催芽1~2天，胚根长为种子长的一半或约等长即可播种。经冰冻处理和变温催芽的种子，胚芽的原生质黏性增强，糖分增高，对低温适应性增强，出苗前后对不良环境的耐力提高，第一雌花节位明显降低，可达到早熟的效果。但对黄瓜幼苗地上部的生长速度有减弱作用。注意已发芽的种子不得进行冰冻处理，否则幼芽会冻伤。

幼芽低温锻炼 用湿毛巾把催好芽的种子包好，在2~4℃的地方放1~2天可以增强抗寒能力。严禁用塑料薄膜包裹发芽的种子。

定植前低温炼苗 定植前7天左右，苗床早揭晚盖，增加通风量，温度白天20~22℃，夜间降到9℃，并在定植前3天短时间5℃处理。注意低温炼苗时间不能过长，且温度不能过低（如3℃以下），否则易形成老化苗、花打顶苗，或受寒害甚至冻害。处理后可增强幼苗抗逆能力，以适应定植后大棚内的温度大幅度变化。

96 黄瓜苗嫁接后怎样管理？

嫁接苗需遮光保湿，因此在嫁接前要预先搭建嫁接棚。规格可根据苗床和穴盘宽度而定，一般棚宽1.6米，高0.9米，上覆塑料薄膜和遮阳网。

采用断根嫁接的嫁接苗对温度要求较高，嫁接后1～3天白天温度控制在28～30℃，夜间23～25℃，春季气温低时要进行加温，秋季气温高时要进行降温，促进发根和愈合。为促进愈合应以保湿为主，湿度以接穗生长点不积水为宜。嫁接后只要棚内温度不超过35℃，湿度达到90%，接穗不萎蔫，就应该尽量增加光照，一般情况下嫁接后第1天就可以适当见光，但时间要短。

嫁接后4～6天嫁接苗愈合，心叶萌动，白天温度控制在26～28℃，夜间20～22℃，适当通风透光，并逐渐延长光照时间，加大光照强度，以接穗不萎蔫为宜。当接穗开始萎蔫时，要保湿遮荫，待其恢复后再通风透光。

嫁接7天后嫁接苗基本成活，砧木子叶节上如发生不定芽要及时摘除。此时一般不再遮荫，但要注意天气变化，特别是多云转晴后接穗易萎蔫，一定要及时遮荫。经过见光、遮荫、见光的炼苗过程后即可进入正常的苗床管理。

嫁接苗对土传病害有抗性，但在生长过程中白粉病和温室白粉虱危害较严重，应以预防为主，出现病虫后要及时防治。白粉病可用15%粉锈宁可湿性粉剂1000～1500倍液喷雾防治，温室白粉虱可用5%定击乳油3000～4000倍液喷洒防治。

特别提示

黄瓜壮苗的标准为根系洁白，根毛发达，4～5片真叶的幼苗其侧根应在40条左右，下胚轴长度不超过6厘米，直径0.5厘米以上，子叶完整、全绿，肥而厚，面积为10～15平方厘米，节部自第2叶开始反复发生折角，节间短，长10厘米左右，叶柄和茎呈45°角，柄长10厘米左右。真叶水平展开，肥厚，色绿而稍浓，株冠大而不尖，幼苗的综合长相是：长势强而墩实。

6

黄瓜的栽培管理

97 棚室中的光照有什么特点？怎样调控？

由于日光温室遮挡、薄膜对光线的吸收和反射，室内的光照强度任何时候都低于室外。生产上常采取以下措施。

建造日光温室时，要选好适宜的建造场地及方位角，设计合理的屋面坡度，最好采用圆弧形采光屋，尽量减少前屋面骨架。要采用无滴膜覆盖。

要保持日光温室屋面整洁，在保温的前提下每天尽可能早揭晚盖铺盖物，以延长光照时间。阴天也要短时间揭苫，以利用散射光。及时摘除黄瓜老叶，用挂绳吊蔓，以减少遮光。防止前后遮荫。在弱光季节可以张挂镀铝镜面薄膜作反光幕，强光季节及时撤掉反光幕，防止发生日灼伤害。

必要时采取人工补光，可以用普通日光灯、高压钠灯、暖白荧光灯管、植物生长灯等。

98 棚室中的温度有什么特点？怎样调控？

在严冬季节，如果日光温室采光性能和保温性能差，容易造成寒害甚至冻害。反之，在光照充足的季节，日光温室密闭，温度高达40～50℃，对黄瓜造成高温伤害。生产上常采用以下措施调节温度。

保温措施 适当减低日光温室高度，覆盖保温幕、地膜、室内套一层或两层小拱棚，日光温室前底脚内侧加挂地膜围裙，草苫加盖双苫或纸被、棉被、无纺布等，雪天加盖塑料薄膜。

加温措施 可采用炉灶煤火加温，或喷洒增温剂于土壤表面，在土壤中一定的深度铺一层稻草、麦秸加马粪、鸡粪等酿热物。也有采用锅炉水暖加热或地热水暖加热。也可直接加热空气、热水管道进行室内或地下加热、电热线埋地加温、液化石油气燃烧红外辐射加温等。

降温措施 最简单的途径是中午通风。如还是温度过高，就必须采用人工降温。可以挂室外遮阳网、屋面流水或喷雾降温、室内喷雾降温等。

变温措施 作物生长发育需要一定的昼夜温差。北方地区的日光温室黄瓜生产，很有必要进行变温管理。黄瓜变温管理方法为6:00～12:00温度为30℃，12:00～17:00温度为20℃，17:00～21:00时晴天温度为16℃、阴天温度为14℃。

99 棚室中的湿度有什么特点？怎样调控？

影响黄瓜生长的湿度包括空气相对湿度和土壤湿度。日光温室内是一种高湿环境，夜间和早晨温度低，温室物体表面有凝结水，植株表面容易结露，叶片有吐水现象。如果是使用了防雾滴性能不良的薄膜，室内湿度很高，常常起雾，容易引起发病，尤其是薄膜内表面水滴滴落在植株茎叶上，极易引起病害。虽然温室内空气湿度很大，但如果长期不浇水，土壤中的水分大量蒸发，土壤下层含水量很低，而表土却看似很潮湿，这一点在栽培时一定要留意。

降低室内空气相对湿度的办法主要是通风换气。在严寒季节可以放风、排湿筒排除湿气或加温除湿。严禁在阴天或下午、傍晚浇水，上午浇水后应及时通风排湿，缩短结露期。地膜覆盖可以减少浇水次数及地表水分蒸发量。有条件的地区可用除湿机或除湿型热交换器。

日光温室中也要注意浇水，比较好的方法是采取滴灌。如果棚室中需要增加空气湿度，多采用喷雾或挂湿帘的方法加湿。

100 棚室中为什么要施二氧化碳肥？

二氧化碳是植物通过光合作用制造碳水化合物的重要原料，大气中的含量约为0.03%。由于保护地处于密闭条件下，气体交换受到限制，日出后随着光照增强、温度升高，蔬菜光合作用迅速增强，吸收的二氧化碳迅速增多，经2.5～3.0小时后保护地内二氧化碳浓度会降至0.01%～0.02%，远远不能满足蔬菜光合作用的需要。增施二氧化碳气肥可以提高棚室黄瓜产量和品质，防止落花落果。这种方法省工、省时，坐瓜率高，商品性好，前期产量集中，采收上市早。

101 棚室中增施二氧化碳肥主要有哪些方法？各有什么特点？（视频12）

补充室内二氧化碳含量的方法有：

有机肥发酵 这种方法成本低，肥源丰富，简单易行，但二氧化碳发生集中，室内浓度不易掌握。山东省推广的秸秆生物反应堆技术可以有效地增加日光温室中的二氧化碳含量。

燃烧沼气 此法成本低，清洁，但温度低时会出现供气不足。

燃烧煤、焦炭 这种方法来源容易，但产生的二氧化碳浓度不易控制，且伴有有毒气体如一氧化碳、二氧化硫等气体的排出。

液态二氧化碳气肥 液态二氧化碳气肥为酒精工业的副产品，肥源广，易控制，是较常用的气源。

化学反应法 这种方法是利用碳酸盐和强酸反应释放二氧化

碳，此法目前在我国使用较多。

102 怎样克服日光温室中土壤盐渍化的问题?

土壤盐渍化是近几年随着各地温室大棚面积的逐年增长和栽培年代的推移而出现并日趋严重的问题，影响了保护地蔬菜的品质和产量。种植户可以根据温棚使用的年限，请技术人员进行土壤测定，以便及时采取措施，控制盐渍化危害的发生。

土壤盐渍化的综防技术主要有深翻改土。采取深翻措施，结合耕耙施适量沙土以改善土壤透气性，促使盐分下渗。改善土壤质地，增施有机肥料，如草木灰、腐熟禽粪等，一般每亩可施堆肥 4000～5000 千克做底肥，以提高土壤的有机质含量，使土壤疏松，促使盐分下降。注意不能施用新鲜的人粪尿，其中的铵态氮肥挥发分解后会使盐分积累于土表，使温棚内土壤盐渍化。换土消盐，铲除土壤表层 2～3 厘米的表土，换上肥沃的田园土，这样不仅可以保证土壤不被盐分危害，而且温棚中土壤的养分也可以得到有效的补充。浸泡洗盐，把温棚内土壤灌水，灌水的深度可达 35 厘米，浸泡 5～7 天后排除积水。晒田后，就可起到清洗盐渍的作用。注意蔬菜的轮作换茬，这样有利于温棚中土壤盐分的平衡。

特别提示

多数日光温室存在土壤盐渍化、酸化、连作障碍和土传病虫害严重等情况，科学施肥、合理灌溉可减轻病情，必要时要土壤消毒、换土、轮作或无土栽培。

103 黄瓜播种出苗期要保持什么样的温度?

从播种到子叶出土需要高温。白天床温保持在 30℃左右，夜温在18℃以上，10厘米土温不低于18℃，争取3~4天出齐苗。当出苗达50%以上，其余苗顶土时，开始通风降温，白天以20~25℃，夜温以14~15℃为宜。5厘米地温在13℃以上，可控制高脚苗，促进根系发育。

特别提示

黄瓜播种后到苗出齐这段时期，在生产管理上要设法促进子叶生长，防止出现幼苗徒长。

104 黄瓜移苗期怎样管理？

由于黄瓜的根部形成层组织木栓化早而快，必须采取保护根系的措施移苗，不能多次移苗，黄瓜移苗最佳时期在子叶展开期，过迟移苗，不但成活率低，而且影响花芽分化。

在移植幼苗时应浇透水，同时提高温度，特别是要提高地温，以缩短缓苗期。白天温度控制在25~28℃，夜间温度控制在20~25℃，地温控制在23~25℃。

第1片真叶展开到第5片真叶始现，幼苗进入成苗阶段。这个阶段幼苗生长量大，正值花芽分化时期，必须促进雌花分化。白天光照要强，8~10小时短日照，气温25~28℃，可加速花芽分化，夜温适当降低，保持在15~17℃则有利于花芽性型向雌花分化，地温15~20℃。幼苗期不宜过分控制水分，土方与土方之间刀口剪开即浇水，采用洒水过后用细沙土封上为好，做到床土不过干不浇水，阴天午后不浇水。

特别提示

第 1 片真叶展开到第 5 片真叶始现，是培育壮苗、促雌花形成的重要时期。雌花的形成要求有一定的夜温和充足的光照，还需秧苗茁壮。在第 1 片真叶展开后，必须保证苗床 13～15℃的夜温和 8～12 小时的光照，才能促使雌花早日形成。

105 黄瓜成苗期怎样管理？

成苗阶段可用 0.1%～0.3% 磷酸二氢钾进行根外追肥，或在 1～2 片真叶时喷 100～150 毫克/升浓度的乙烯利，在 3～4 片真叶时喷 150～200 毫克/升浓度的乙烯利，对促进早熟和提高产量均有一定作用。此外，要特别注意若是一代杂交黄瓜种，就不宜用乙烯利处理，因为它本身多为结瓜性很强，处理了反而会出现花打顶现象。

定植前 7～10 天炼苗时，逐渐降温控水，以使秧苗适应早春大棚内不良环境。白天气温 15～20℃，夜温逐渐降到 5℃左右，地温 15～18℃。如果采用电热线土壤加温，应断电停止加温。以适应大棚早春日夜温差大的环境。幼苗锻炼期间，控制水分，原则不浇水，对严重缺水的秧苗，采取局部浇小水的办法，不能浇透。

106 黄瓜定植时要注意哪些问题？（视频 13）

时间安排 大棚黄瓜安全定植的要求是，当棚外气温连续 3～4 天稳定通过 0℃以上，棚内最低气温连续 3～4 天稳定通过 5℃以上，棚内 10 厘米土温连续 3～4 天稳定通过 10℃以上，在冷尾暖头选晴天定植。

整地施肥 定植地要求深耕细作，施入充分腐熟细碎的有机肥。亩施土杂肥 10 000 千克，普钙 20 千克，饼肥 250 千克，钾肥

7.5 千克，锌肥1 千克。地整好后作畦，畦向与棚向垂直，畦埂在压杆下，畦宽1 米。

合理密植　采取高垄高畦栽培时，行距80～100 厘米、株距18～20 厘米，每亩栽植3300 株左右。采取垄作时，可以一畦栽2 行，株行距(20～25)厘米×60 厘米，亩定苗3500～4000 株，大棚内10 厘米地温稳定在12℃以上，可在大棚内加扣小弓棚来提高温度。

107　黄瓜生长期怎样浇水施肥?

定植后至根瓜初期　这个时期要控制肥水，为防止徒长，一般不旱不灌，并要少灌，不要大水漫灌。

结瓜初期　当植株有10～12 片真叶，进入结瓜初期，应结合浇水进行追肥。

盛瓜期　进入盛瓜期，当果实长到5 厘米时开始追肥灌水，以后每隔7～10 天再追肥和灌水一次。每次每亩可追施硝酸钾或硝酸铵10 千克，采取随水追肥。采收盛期，为了促进同化作用，满足黄瓜茎、叶、瓜生长的需要，应供给大量的肥水，每隔3～4 天灌一次水，每隔7 天追一次大肥。最好是有机肥、无机肥交替施用。每亩施饼肥100 千克、腐熟大粪300～500 千克，尿素或磷酸二铵等20～25 千克，以防止早衰，增加后期产量。

衰老期　衰老期继续灌水，追施少量速效肥。

108　黄瓜生长期怎样调控温度和湿度?

定植至缓苗期　这一阶段重点是保温、保湿，促进黄瓜快缓苗。此时，外界温度较低，经常出现寒流，因此在定植后7～10 天要注意搞好增温、保湿、保温工作。白天棚内气温要保持在30～35℃的范围内，这样有利于提高地温。达到35℃时要适当放风，可以打开二棚门通风，在打开门时用塑料膜挡住门下部；温度再高时可打开大棚的侧窗进行通风，但要注意不能放底风，以防冷风伤苗。

结瓜初期 结瓜初期是指根瓜开花期到根瓜采收期。这个时期的管理重点是调温控湿、吊蔓领蔓和及时采收。此时，外界温度表现为不稳定的上升趋势，常有大风和寒潮。因此在温度管理上，要以防寒保温、防止冻害为主。在实现苗齐、苗全、苗壮的基础上，促进生长和发育。这个时期既要放风，又要防止低温冷害，不提倡放底风。棚内白天温度控制在30~32℃，夜晚温度控制在13~15℃。

由于夜间大气温度和土壤温度都比较低，通风量不大，所以浇水不宜过多，否则不但会降低土壤温度而影响根系的生长，而且还会引起黄瓜沤根或角斑病的发生。每次浇水后应闷棚，使棚内温度升至32℃。

此期要及时吊蔓、领蔓、掐卷须和掐侧枝。当根瓜长至18~20厘米时，要及早采收上市。要防止黄瓜坠秧的发生，影响上层瓜的伸长。

盛瓜期 盛瓜期一般是指根瓜采收后至大量采收腰瓜这个生产阶段。在管理上要注意变温管理，采取生态措施预防病害的发生，要增施水肥，以促进丰产。此期外界温度升高很快，黄瓜的茎、叶、瓜都处于旺盛的生长阶段，是黄瓜生长和结瓜的高峰期。

当黄瓜茎蔓爬到顶棚时要及时摘心，并且要加强通风换气，实行大肥大水，以达到调温控湿，防病保秧，延长结瓜期，促进回头瓜生长，争取丰产、优质、高效。

衰老期 进入衰老期后，黄瓜植株开始衰老，病虫害大量发生，结瓜明显减少。这个时期的管理重点是防病、保秧、复壮。一般为促进结梢瓜、侧蔓瓜等回头瓜，可加大通风，及时防病。

109 不同类型的棚室怎样选择黄瓜整枝方式？（视频 14）

大型连栋温室内，主茬栽培黄瓜的整枝方式以挂钩斜吊法为主。在夏秋季抢茬栽培时，可以视情况采用粗放型吊绳法等整枝方式。

塑料大棚栽培由于棚的高度有限，受空间限制，栽培黄瓜整枝方式以粗放型吊绳法为宜。

日光温室栽培黄瓜一般是在秋季、冬季和春季栽培，黄瓜整枝方式以挂钩斜吊法为主。根据选用的品种特性采用侧枝结果法、换头法等其它辅助整枝方式。

要求前期产量高的，可在结果前期每节留侧枝增加坐瓜条数。要求总产高的，采用挂钩斜吊法整枝，进入开花期后摘掉第一、二朵雌花，并注意肥水管理使植株协调生长。在经济发达、工人工资水平较高的地方，多采用粗放型吊绳法；在劳动力成本较低的地方多采用挂钩斜吊法。

110 棚室栽培黄瓜在不同季节怎样选择整枝方式？

秋冬和早春是温室蔬菜栽培经济效益比较高的时候。选用整枝方式时首先要考虑的是保持植株长势，力求高产稳产。目前生产上黄瓜整枝以挂钩斜吊法为主，有刺黄瓜每节留一段侧枝提高雌花节率，欧洲短黄瓜要辅助以疏花疏果。注意在严寒季节或灾害性连阴天情况下，要摘除部分或全部雌花和瓜条，以保护植株安全度过低温、寡照期，避免发生灾害。

夏秋季由于温度高，水肥往往供应也比较充足，黄瓜易发生徒长，所以要选用雌花节率高的品种。整枝方式以粗放型吊绳法为宜。

111 黄瓜生长期如何整枝绑蔓？（视频 15）

缓苗后加强植株调整、领蔓、掐卷须、侧枝、打底叶、摘心等工作。满架后及时摘心，促结回头瓜。另外，可以人为调节植株长势，抑强扶弱，使全日光温室植株龙头处于同一水平，便于管理。

黄瓜架一般用塑料绳或尼龙网吊蔓，每株黄瓜用 1 根绳人工引蔓缠绕上架。也可用竹竿插成单排立架，单排立架的通风透光性明显好于人字架。不要插人字架，由于人字架会使中后期架顶植株茎叶浓密，形成徒长，造成化瓜严重。绑蔓采取“S”形弯曲绑法，这种方法与直线绑蔓法相比，可以增加瓜蔓节位。

112 怎样依据叶片的生长状况来管理棚室黄瓜？

采取棚室栽培黄瓜时，可以根据叶片的颜色、形状等外观特性来判断黄瓜的生长发育状况，进行科学管理。在生产中注意观察叶片的长相，进行黄瓜植株生长势的判断，进而调整田间管理方法。

在苗期，如果发现叶尖下垂，颜色翠绿，或叶子边缘变白向上卷曲，多是由于大棚内突然降温所致。在生产上应及时做好保温防寒措施；如果叶片尖端枯黄，则可能是由于缺水，或土壤中施用了过多的肥料而造成生理缺水所致，此时要及时浇水，使土壤含水量保持在 85% ~90% 。

在开花结果期，如果叶片出现皱缩，叶肉变厚，叶色浅黄，无光泽，严重时叶缘变白，这种情况多是由于大棚内的温度过低引起的，此时要加强保温，使温度保持在白天 25 ~29℃，夜间保持在 18 ~22℃，温度最低不可低于 13℃；如果叶片出现向上卷曲，叶缘浅黄，则多是由于棚内温度过高，空气湿度过大所致，这种现象一般出现在黄瓜的现蕾前期。在生产上应加强通风，增加灌水量，使温度控制在35℃以下，湿度保持在75%左右；如果发现叶片变大变薄，节间加长，多是棚内高温、高湿、弱光所引起，这时除了进行通风、降湿外，还可在大棚内后墙上悬挂反光幕，以增加棚内尤其是后部的光照强度。

7

黄瓜综合栽培技术

113 黄瓜春提早栽培怎样准备苗床?

黄瓜春提早栽培的育苗时间一般是在1月份进行，此时温度低，育苗过程中的保温措施是十分重要的。为顺利出苗和幼苗正常生长发育，多采用日光温室内播种床播种，两片真叶时移栽到移苗床的育苗方式。

首先是苗床土的配制，要用一些热容量大的物质，营养土要肥沃、疏松。生产上一般用园土与腐熟厩肥按6:4比例混合，每立方米混合土中再加腐熟鸡粪10~15千克，过磷酸钙1千克，草木灰10千克。黄瓜育苗床土配制各地有所不同，或者用20%腐熟马粪，20%陈炉灰，10%腐熟的大粪面，50%葱蒜茬土，在营养土每立方米中加入过磷酸钙4千克、草木灰1千克、硝酸铵1千克。黄瓜对氯离子敏感，不宜用氯化钾作钾肥。

播种床可用瓦盆、木箱等代替，可以放在火炉等温度较高的地方以提高土温，这样有利于快速出苗。播种床也可设在日光温室内的高温部位，一般在日光温室中部温度较高。如果用塑料或纸筒育苗，苗钵要大，直径应达8~10厘米。

移苗床设在日光温室的中部，用薄膜隔开。为了保证温度，室内可临时生火增温，也可架设小拱棚增温保温。一般每亩用苗需播种床 3～4 平方米、移苗床 40～50 平方米。

在严寒季节育苗，往往地温不足，容易发生寒根、沤根、猝倒病等，影响成苗。可采用日光温室电热温床育苗，或火炕育苗、酿热温床育苗等改善地温条件。电热温床育苗，温度容易控制，苗龄短(30～35 天)，育苗成功率高，但在电力不足、供电不稳的地方不宜采用；火炕温床和酿热温床可就地取材，其成本低、技术简单，容易掌握。

114 黄瓜春提早栽培浸种催芽有什么讲究?

浸种前进行种子消毒，以杀死种子携带的病源。生产上多采用温汤消毒，即将 55～60℃热水倒入盛种子的容器中，边倒水边搅拌，保持 10～15 分钟就可达到消毒的目的。

将消过毒的种子继续浸 6～8 小时，最好用室温下自然融化的雪水浸种，有早熟增产作用，然后投洗干净捞出控去水分，用干净的湿布包好以利保湿，放在 20～30℃条件下催芽，大约经过 10～12 小时种子可发芽。

115 黄瓜春提早栽培播种有什么讲究?

黄瓜春提早栽培的播种育苗时间一般是在 1 月上旬。播种一般采取在育苗箱内撒播，适时移苗的方法。在播种前浇透底水，均匀撒种，然后撒覆细土 1 厘米厚，育苗室内保持 28～30℃以加速出苗。这种方法出苗快，整齐，但是移苗时常因阴天或管理不当造成地温不足，影响新根发生，还易因猝倒病、寒根、沤根等造成死苗，所以在育苗过程中要注意保温。还有一种方法是直播法，采用方块营养土育苗，将催芽的种子播种在纸筒或塑料育苗钵内，也可制成营养土块，营养面积不小于 8 厘米 ×8 厘米，能达到 10 厘米 ×10 厘米效果会更好。种子必须平放，覆土 1 厘米；苗床播种量为每平方米 0～25 克，亩用种量为 200～250 克。

116 黄瓜春提早栽培怎样培育适龄壮苗？

大棚黄瓜适龄壮苗的形态标准是：株高15～20厘米，茎粗节短，四至六叶一心，叶色深绿或绿色，根系发达，洁白，大部分幼苗于4～5节显带雌花蕾，植株完整，无病虫危害。播种到分苗，此期主要以增温保温为主。出苗前，白天床温30℃左右，夜间20℃左右；出苗后，白天床温20～25℃，夜间15℃左右，注意夜温不能太高，以免徒长。定植前5～7天对秧苗适度降温，控水，加大通风量，增强抗逆性锻炼，促使秧苗生长更接近定植棚的环境条件。

117 黄瓜春提早栽培在定植前要做哪些准备工作？

定植前要做好两个方面的准备工作，一是栽培地的整理，二是土壤和棚室的消毒。

定植前棚室内土壤要深翻2遍，深度25厘米以上。定植前结合埋粪，再浅翻1次，做到土质松软，土壤均细，无草根，无杂物。施优质腐熟鸡粪8方，约10 000千克，磷酸二铵40千克，尿素20千克，硫酸钾复合肥10千克，油渣150千克。定植起垄前，棚内土壤表面和棚面喷洒50%多菌灵可湿性粉剂800倍液。

喷药后起高垄，增加土壤的光照面积和吸热面，这样可以有效提高土温。垄可以做成底宽80厘米，高25厘米，垄面60厘米，垄沟宽50厘米。

低温高湿是早春大棚病害发生的主要环境条件，大水漫灌是大棚增加病害的主要原因。早春栽培最好采取膜下暗灌，方法是在60厘米的垄面中间开宽15厘米、深10厘米的小沟，为膜下暗灌的小暗沟，然后用1.2米的地膜覆盖全垄，即可定植。

118 黄瓜春提早栽培在定植时要注意哪些问题?

首先定植的时间安排要科学。早春大棚黄瓜安全定植的要求是，当棚外气温连续 3～4 天稳定通过 0℃以上，棚内最低气温连续 3～4 天稳定通过 5℃以上。早春定植在考虑棚温的同时，最主要的是地温一定要在 15℃以上。

种植密度视品种的成株株型而定，株型大的品种株距要加大，反之株距小。黄瓜一般株距 28～30 厘米，行距 50 厘米，按“品”字形定植，用打眼器打孔。

定植的具体时间要选在冷尾暖头时进行。苗子应按长势强弱，高低成度分级后，从大到小依次定植。一定要注意在取营养钵时，不要把土托弄破，以免伤根死苗，做到随定植随浇定苗水，并给水中加入 600 倍的多菌灵和辛硫磷，确保健康成活。

119 黄瓜春提早栽培如何管理棚室内的温度?

黄瓜春提早栽培期间外界气温低，保温工作十分重要。从缓苗到根瓜采收前的管理上，以促根壮秧为主，白天温度 25～30℃，夜间 10～13℃，地温 22℃；从第二条瓜 15 厘米左右为结瓜前期，此期为瓜秧并进期，应以长秧为主，白天温度可高到 31℃左右；第二条瓜收后进入盛瓜期，以长瓜为主，白天温度 27～32℃，不超过 35℃，夜间 16～18℃。早春温度达不到 10℃时，必须在地膜、大棚的基础上，再在棚内搭中小棚增温，用 3 层棚措施，确保度过极端低温期，否则就有未见瓜就拉秧的可能。

120 黄瓜春提早栽培怎样浇水施肥?

黄瓜追肥应掌握每采 2 次瓜追一次肥。方法最好是在 2 株间打 10 厘米深的眼，把化肥灌入，随后浇灌一点水，使化肥尽快溶解利用。每亩每次追施磷酸二铵 20 千克，尿素 7.5 千克，磷酸钾

10 千克。采取膜下暗灌方法浇水，每5~7 天浇一次，浇水应根据土壤干湿度和植株长势而定。垄沟中不能有明水，以降低棚内湿度。浇水时间安排在晴天上午进行。

121 黄瓜春提早栽培怎样调整植株？

从植株20 厘米吊蔓、绑蔓开始，对雄花，卷须，化瓜，弯瓜，畸形瓜要及时摘除。待下部瓜陆续采摘，植株高度到人不易操作时，要开始落蔓。落蔓前，必须把下部的老叶、病叶全部打掉，解开瓜蔓，在近地面盘绕成圆形，留 8~10 叶的瓜蔓继续向上缠绕，成新的结瓜主蔓，这样的落蔓次数至少要 3~5 次，有效地延长了黄瓜生育期，才能达到高产高效。

122 早春棚室中如何补充二氧化碳？在补充时要注意哪些问题？

黄瓜早春栽培为了保持棚室内的温度，和外界的气体交换较少，生产上可以采取用碳酸氢铵加到硫酸中的方法，释放出大量的二氧化碳，满足棚室黄瓜对二氧化碳的需求，残留物硫酸铵也是一种化学肥料。

使用工业硫酸，在放入二氧化碳发生装置内前，先要稀释，稀释时浓硫酸与水的体积比应为1∶3。在生产上由于浓硫酸具有很强的腐蚀性，运输不方便，通常制成固体硫酸。生产中常见的用草炭作吸附剂的固体硫酸为黑色，含硫酸64%，反应后副产品是硫酸铵和有机质；用硅作吸附剂的固体硫酸则是白色晶体，反应后的副产品是硫酸铵和硅肥。

碳酸氢铵是制取二氧化碳的主要原料，保护地二氧化碳施放量主要由碳酸氢铵量来控制。

二氧化碳发生器由反应桶、酸桶和塑料输气管等部件组成，反应桶放在大棚中央，2 根塑料输气管分两边架在大棚横梁上，每隔1米有2个放气孔。

使用时，首先在反应桶里放好碳酸氢铵，盖上桶盖，然后在酸桶里加入稀释好的硫酸，挂在反应桶的上方，稀硫酸通过输酸管缓缓流入反应桶，与碳酸氢铵进行化学反应，听到输气管的放气孔发出嘶嘶气流声，即表明正在施放二氧化碳气体，20～30分钟后硫酸流尽，反应结束。

固体硫酸的使用方法和浓硫酸基本相似。首先，将固体酸放入反应桶内，然后，将碳酸氢铵也放入反应桶内，把盖子盖好，最后把原来放稀释硫酸的桶改为放清水5千克，让清水缓缓流入反应桶内，桶内的固体酸会很快还原成硫酸和碳酸氢铵进行化学反应，释放出二氧化碳气体。

1亩大棚的容积按1000立方米计算，3.6千克碳酸氢铵加92%的浓硫酸2.4千克，反应后可生成3千克硫酸铵和0.82千克水，并释放2千克二氧化碳，折成容积为1立方米，占大棚容积的1/1000，也就是释放后使二氧化碳的浓度达到0.1%。

123 早春黄瓜主要有哪些病虫害？如何防治？

早春黄瓜上常发生的虫害主要有温室白粉虱、美洲斑潜蝇和瓜蚜等。病害主要有白粉病、病毒病、霜霉病、细菌性角斑病、灰霉病、枯萎病等。

防治害虫的方法可采取培育无虫苗，黄板诱杀成虫，同棚不混栽其它作物，清除杂草。药剂防治可喷18%阿维菌素3000倍液，10%吡虫啉1000～1500倍液；或用22%敌敌畏烟剂每亩0.5千克，在傍晚盖帘前点燃熏杀。

病害防治的方法主要有选用抗病品种，培育适龄壮苗；控制调节好不同生育期的温、湿度，水肥、光照和二氧化碳浓度。调控主要通过早打风口，适时关闭风口；内搭二层、三层棚；高垄栽培；膜下暗灌；及时疏花、疏果、疏叶，摘除病叶、病果；每天必须打开 1 ~ 2 次风口，排湿换气等措施来完成。茬口安排最好是与瓜类作物有 3 年以上的间隔，以减轻土传病害的发生。平衡施肥，重施有机肥，少施化肥。

施药最好以“烟剂为主，灌根为副，少用喷液”的方式为佳。药剂可选用 45% 的百菌清烟剂，或速克灵烟剂，或 72% 克露可湿性粉剂 600 ~ 800 倍，或 70% 甲基托布津可湿性粉剂 800 倍液，或 64% 杀毒矾可湿性粉剂 400 倍，75% 百菌清可湿性粉剂 500 倍液，或 65% 甲霜灵可湿性粉剂 1000 ~ 1500 倍液，或 70% 代森锰锌可湿性粉剂 500 倍液，或 25% 粉锈宁可湿性粉剂 2000 倍液，或 40% 多硫悬浮剂 500 倍液，或 50% 速克灵可湿性粉剂 1500 倍液，或 20% 病毒 A 可湿性粉剂 500 倍液灌根。

特别提示

塑料大棚黄瓜早熟栽培要尽量争取早熟。因为只有早上市、早期产量高，才能获得高效益。而后期产品价格低、效益差。但是春大棚黄瓜提早定植具有一定的风险性。主要由于 3 月天气易变不稳定，生产上要加强对灾害性天气的防御，准备好防寒设施，育苗时应当多留余苗，以便补栽。冬前深耕晒垡，采取高畦地膜覆盖栽培，以利于蓄热，增加地温。

124 秋延后大棚栽培有什么特点？生产上主要选择什么品种？

所谓黄瓜秋延后栽培，就是在深秋较冷凉季节，夏秋露地黄瓜已不能生长时，利用大棚的保温防霜作用，继续进行黄瓜生产的一种栽培形式。

黄瓜秋延后栽培的季节气候特点和早春大棚栽培正好相反，生长前期处于高温多雨季节，生长后期气温急剧下降。因此，在选用品种上要求抗病性强，耐热，结瓜早，瓜码密，而且要求收获集中。

目前，在生产上主要品种可选用津春系列，如津春4号、津春5号；津优系列，如津优1号、津优10号、津优11号、津优20号；中农系列，如中农10号、中农12号等杂交种；也可以选用新泰密刺、山东密刺。另外，还可以选用一些迷你黄瓜系列品种。

125 怎样确定黄瓜秋延后大棚栽培的播种期?

黄瓜秋延后栽培，播种期处于高温阶段，因此播种期不宜太早。播种过早，苗期赶上高温多雨，病害往往发生严重，前期产量虽高，但与露地秋黄瓜同时上市，既不利于延后供应，也影响产值。而播种过晚，生长后期气温急剧下降，会影响到黄瓜中后期的产量，降低产值。因此要根据当地的气候条件适时播种。一般在华北地区宜在7月中下旬至8月上旬，播种后40~45天开始采收，栽培期不少于100天。在江南地区则应在8月下旬至9月上旬播种为宜。

126 黄瓜秋延后栽培如何播种？直播苗如何管理?

黄瓜秋延后栽培以扣棚直播为好。直播分为敞棚直播和扣棚直播两种方式。生产上多采用扣棚直播，方法是按行距开沟，沟深3~4厘米，每隔7~8厘米点种1~2粒干种子，一般不用浸种催芽，播种后覆土，形成鱼脊背并稍加镇压，播种后四周打开通风，只留顶部的薄膜用来遮荫防雨。播种前浇足底水，苗期不旱可以基本不用浇水，管理上主要以降温防雨为主。黄瓜秋延后栽培的种植密度可以稍大一些，行距60厘米，株距20~30厘米。

黄瓜秋延后栽培，在大棚播种后3~4天即拱土出苗，苗出齐后进行第一次间苗，待第一片真叶长出后进行第二次间苗，幼苗长出3~4片真叶时就可按株距定植。直播栽培容易造成缺苗现象，可在清晨或傍晚采用移栽补苗办法保证全苗，补苗时注意浇足水。

127 黄瓜秋延后集中育苗如何管理?

采取育苗移栽的方法，应在幼苗出齐后，将四周薄膜全部打开，通风降温。待幼苗长至2片真叶展开时，喷0.2毫升/升浓度的乙烯利，促进雌花形成，防止徒长。当苗龄20天左右，即幼苗二叶一心时定植。定植应在傍晚进行，瓜苗不可过大。按照每亩4500~5500株的密度定苗。定植时按行距开沟灌水，带水栽苗，水渗下后覆土，厚度以盖上苗坨为准，定植后3~4天浇一次缓苗水。另外，可叶面喷施营养液，以及杀虫、杀菌剂等，以壮秧防病虫保苗。苗期要多次浅中耕松土保墒促扎根；雨后及时喷药防病保苗；若发现幼苗徒长，可喷洒矮壮素或缩节胺。

128 黄瓜秋延后栽培怎样进行田间管理?

秋大棚栽培黄瓜，在播种前扣棚，撩起四周，可加大通风量，降低温度、湿度。从播种到9月上中旬处于高温期，黄瓜正处在幼苗期至根瓜共长阶段。此期应注意防雨防病，通风降温。下雨后及时排水防涝，防止渍水；雨后天晴及时浇水降温。

从9月上旬至10月上旬处于温和期，是秋延后大棚黄瓜生长量旺盛时期。此期应及时扣棚，白天温度控制在25~30℃，夜间温度控制在15~18℃。夜间气温在15℃以上时不关通风口。同时还要注意白天通风换气，降低空气湿度，防止病害发生。此期逐渐进入结瓜期，肥水供应要充足，一般是以水带肥，化肥和稀粪交替使用，化肥以尿素、磷酸二铵为主。浇水时要小水勤浇，肥料要勤施少施，严禁大水漫灌。还可以进行叶面喷肥，特别是连续阴雨天，采取根外追肥可保证植株生长发育的需要。只要外界气温不低于15℃，就不要关严风口。

进入10月中旬后，气温逐渐下降，要晚放风口，早关风口，上午棚温达到25℃放风口，下午棚温达25℃时关风口，夜间要注意防寒保温。10月中旬以后，气温有了较大变化，温度开始明显下降，黄瓜的生长发育因而受抑减缓，要侧重保温防寒。棚顶及四周薄膜要压紧，大棚的四周需要加围裙，并围以草帘，争取棚温白天达到25℃左右，夜间10～15℃。与此同时还应注意通风，以免棚内湿度过大致使病害滋生蔓延。可选择中午温度高时进行短暂的通风换气。

129 黄瓜秋延后栽培怎样施肥浇水？

播种后3～4天，幼苗已经开始出土，如果墒情不好，此时可再浇一次水，水量不宜过大，1～2天内基本可以齐苗。移栽苗的，也应在缓苗时再浇次水。在以后的生长过程中，如果发现叶黄、细弱，需追施少量化肥，助苗生长。插架前，结合浇水每亩可追施硫酸铵10千克以下，使用尿素时，需酌情减量。浇水后插架，此后，要稍控制浇水。开始结瓜后就不能缺水了，而且随着结瓜的增多，浇水量也相应增大。但是，浇水时仍应小水勤浇，而不可大水漫灌，此时，一般每4～5天浇水1次，天气转凉以后，基本上每周1次。结瓜以后，伴随浇水还要施肥，可施用速效化肥，每次的施用量不必很多，追肥与浇水可交替进行，浇1～2次水追施1次肥料。到10月中旬以后温度下降了，可以追施人粪尿。

130 黄瓜秋延后栽培怎样进行植株调整？（视频16）

黄瓜秋延后栽培，在生产上前期温度高，光照充足，一般播种后40～45天即可采收根瓜，所以应及时插架，引蔓上架；如采用吊绳缠蔓，容易因风力影响发生摇摆，对植株不利，所以，一般采用架杆。绑蔓时“龙头”取齐，方向一致，同时去掉雄花和卷须及根瓜以下的侧蔓。腰瓜适当留几条侧枝，每侧枝留一瓜一叶摘心，使主侧枝同时结瓜，主蔓长至25片叶时打顶，促进回头瓜的产生。生长后期适当打掉底部老叶、病叶，减少养分消耗，促进上部结瓜，并及时落秧。

131 怎样防止秋延后大棚黄瓜疯长?

大棚秋延后黄瓜生长期间，正处于从高温向低温过渡的过程中，早期温度高，黄瓜极易出现疯长、不结瓜的现象。在生产上要采取以下措施。

首先是栽培的密度要根据品种特性、地力、施肥水平和播栽日期而定，应适当稀植，采用宽窄行种植。

浇水时要采取控两头促中间的原则，即在结瓜前，以中耕保墒提高地温为主，做到干干湿湿；结瓜期是需水高峰期，每隔7~10天浇一次水，每次浇水应在摘瓜前进行，以控制疯长；上部瓜收完后适当控制浇水，促进新根发生，等回头瓜膨大时再浇水。

在保证土壤氮素供应的前提下，应适当增施磷、钾肥和硼肥。环境温度超过30℃时，植株生长加快，容易疯长，因此棚室温度白天应控制在25~30℃，夜间温度保持18℃左右。黄瓜生长发育期适宜的空气湿度为60%~80%。当棚内湿度超过85%时，应立即通风排湿。傍晚气温在10~15℃时，通风1~2小时，以降低夜间温湿度。

当瓜蔓长到30厘米左右时，开始搭架绑蔓。将蔓直立地绑在架上，如瓜蔓生长旺盛，可左右弯曲绑在架上，弯曲度与松紧度视植株的长势而定，若植株长势过旺，结不住瓜或结瓜较少时，弯曲度要大，且要绑紧。

如果黄瓜第一批瓜化瓜多、结瓜少，极易导致疯长。为争取结住第一批瓜，一般在开花结瓜期采用喷雾或点涂的方式使用结瓜灵、防落素等激素，以减少化瓜，多结瓜，且能保住瓜，并促进小瓜迅速膨大。所以生产中当发现植株疯长时，应适当延迟根瓜的采收时间；反之则应当适当提早采收根瓜，尽快采取措施促进植株生长。

132 黄瓜秋延后栽培采收有什么讲究？

秋大棚黄瓜于 10 月上旬进入盛瓜期后，气温便开始逐渐降低，这对幼瓜的形成和发育是不利的。为了保证延后供应的需要，早期的瓜应适当早收，使腰瓜及稍后形成的幼瓜充分发育；对过密的瓜，或者后期无望成为商品瓜的雌花和幼瓜要及时疏掉，以保证有可能成为商品瓜的幼瓜很好发育。

133 黄瓜秋延后栽培病虫害发生有什么特点？

秋延后栽培黄瓜的病虫害较多，须格外注意防治。黄瓜秋延后栽培，常见的虫害有蚜虫、白粉虱、茶黄螨、瓜绢螟、潜叶蝇等，病害主要有根结线虫病、黄瓜霜霉病、黄瓜细菌性角斑病、黄瓜炭疽病、黄瓜细菌性圆斑病、黄瓜白粉病、黄瓜黑星病、黄瓜疫病、黄瓜枯萎病、黄瓜蔓枯病、黄瓜灰霉病、黄瓜病毒病等。防治方法参见有关章节。

特别提示

大棚黄瓜秋延后栽培一般难度较大，前期要抗热、抗病、防虫，后期温度降低要保温御寒。因此，生产上特别注意棚内温湿度的调控，尽量为植株创造适宜生长的环境。生长早期注意降温、防雨、防涝或防干旱；后期加强防寒保温，尽量延长采收期；及时防治病虫害。

134 怎样确定黄瓜秋冬茬栽培的播种期?

黄瓜秋冬茬是满足秋延栽培后的黄瓜供应，因此黄瓜盛采期在秋延黄瓜之后。生产上要求定植的苗龄平均为40~50天，生理苗龄为四叶一心。东北北部及内蒙古地区在8月上中旬播种，东北南部、华北以及西北地区在8月中下旬播种，河北中南部、山东西部在8月15日到9月1日播种，陕西关中地区、河南中部在8月中下旬播种，最晚应在9月上旬播种。播种过早产量虽高，但单价偏低，植株容易徒长早衰；而播种过晚则瓜苗弱小，冬前产量上不去，效益差。

135 秋冬茬黄瓜播种育苗有哪些方法?

秋冬茬黄瓜栽培可采用直播种植、育苗移栽种植。育苗的方法主要有穴盘育苗、直播和嫁接育苗，在生产中最好用黑籽南瓜作砧木进行嫁接育苗，可有效地增强长势，提高产量。

穴盘育苗 用每盘50孔或72孔的育苗盘育苗，基质选用透气性、渗水性好，富含有机质的材料，如蛭石与草炭1∶1混合，加入一定的化肥即可；也可将洁净沙壤土或腐质土，拌少量腐熟细粪后过筛，装于盘内，不宜装满，稍浅，把催芽后的种子放于穴内，每穴一粒，然后再盖上基质后浇透水，用多菌灵和杀虫剂最后喷淋一遍起杀菌杀虫作用。

直播 直播种植比较省工，但播种量大，而且由于秧苗分散，不便于集中管理和防雨保护，秧苗易徒长，根量相对较少，生产性能较差，易早衰。播前可进行浸种催芽，用50℃温水浸种，以促进种子吸水活化，兼起杀菌作用，待水温降至30℃时保持恒温，继续浸5~6小时。浸种后，把种子轻搓洗净，用清洁湿纱布包好，保持在30℃条件下催芽，可放于瓦罐内或瓷盘内，保持一定湿度，放在灶上两昼夜出芽后即可播种。每亩用种量250克，每穴播种 2~3 粒。播后浇水，然后用地膜覆盖。

嫁接育苗 在连作时，为防止枯萎病和冬季低温危害的发生，常采用嫁接育苗。一般以黑籽南瓜为砧木，采用插接、靠接、劈接、平接等方法进行嫁接，嫁接完成后栽植于苗钵中，浇水后覆盖拱棚，拱棚外覆盖薄草帘或纸袋等遮光，保持棚内湿度 90%~95%，温度 25~30℃，3 天后早晚打开草帘见光，一周后可以通风。嫁接苗生长较快，播种时间同常规日期，但黑籽南瓜发芽率低，出苗时间较长，应适当提早播种 7~10 天。

136 秋冬茬黄瓜怎样培育壮苗？

育苗时，最好用营养钵或营养土块育苗。营养土用没有种过瓜类蔬菜的大田壤土与腐熟过筛的有机肥，按 7∶3~5 的比例混合。若肥力不足，可加入尿素和磷酸二氢钾，一般每立方米营养土加尿素 500 克、磷酸二氢钾 300 克左右，充分混匀。临近播种前，要在畦内浇足底水。充足的底水，不仅可以保证出苗期间的水分供应，还可降低地温，保证正常出苗。为防止出苗后幼芽受到强光高温、雨水冲淋、晚上结露等危害，播种后在畦上搭拱棚，高约 1 米，上覆遮阳网、草帘或旧薄膜，遮成花荫。白天将薄膜揭除，使幼苗多见光，晚上和雨天再盖上。秋冬黄瓜生长快，容易徒长，要适当控制灌水，并加强通风，但不可过分缺水，防止老化。如有可能，可于幼苗第一片真叶展开时分苗一次，或用小铲将其铲起再放到原地，这样可以断根，以刺激新根发生，一畦铲完后立即浇大水。

秋冬茬黄瓜花芽分化期基本上处于高夜温、长日照的条件下，因此雌花出现晚，节位较高。为改变这种情况，可在二叶期采用 100~200 毫克/升的乙烯利喷洒一次，约隔 1 周，到 4 片真叶时再喷一次。乙烯利的浓度不宜过大，否则虽可早显多显雌花，但植株发棵慢，有时植株矮小，连续出现空节，即一节上既无雌花，也无雄花。应注意雌性型黄瓜，雌花出现早而多，不宜喷乙烯利，以利于植株健壮生长，为丰产搭好架子。

苗子破心时，灌用25%瑞毒霉可湿性粉剂800倍液，防疫病和霜霉病；缓苗后，连喷带灌抗病威或抗毒剂1号等，预防病毒病；苗子遭雨淋或着露水时，要立即喷药预防霜霉病；同时注意防治美洲斑潜蝇。

137 秋冬茬黄瓜定植时要注意哪些问题?

秋冬茬黄瓜的适宜定植苗龄为40～50天，生理苗龄为四叶一心。定植前要清清园，每亩施腐熟厩肥5000千克，过磷酸钙100千克，碳酸氢铵50千克，取肥料的2/3撒施于地面，翻耕将肥料埋入深土层中，然后耙平做畦。剩余1/3的肥料在定植时集中施入定植沟中。定植前10天，每亩用硫磺粉1～1.5千克，80%敌敌畏400～600克、锯木屑3千克混匀，分5～6处放瓦片上点燃，或用52%百菌清烟雾剂200～250克点燃，进行熏烟消毒。

定植时先在畦面开沟，然后栽苗，栽苗后灌水培土，最后盖地膜。定植时，苗土要大，尽量多带宿土，并要严格选苗分级。大苗尽量栽到日光温室前部或两头，小苗栽到中部。进入冬季后，温光条件逐渐变差，若种植过密，相互遮挡，植株易早衰，影响产量。因此，定植密度要小，最好用宽窄行，宽行80厘米左右，窄行50厘米，或单行，行距70～80厘米，株距28～32厘米，每亩约3500株。沈阳农业大学研究认为秋冬茬黄瓜的种植株距为35厘米，大行距为70厘米，小行距为60厘米较为适宜。

138 秋冬茬黄瓜怎样进行温度管理?

秋冬茬黄瓜要利用前期光、温好的条件，培育壮苗。定植后的缓苗期由于气温高，晴天中午盖草帘遮荫，上午10:00前及下午15:00后喷水。

当日平均气温降到16～18℃时上膜。上膜宜早，防止受寒。扣膜后室温高，湿度大，可引起瓜秧旺长或病害发生，因此要注意大放风。晴天白天保持25～30℃，晚上13～15℃；阴天白天20～22℃，晚上10～13℃，昼夜温差保持10℃。中午气温不宜超过32℃，下午温度降至20℃时关闭通风口，上半夜温度不超过16℃，下半夜12左右。随着气温的下降，逐渐减少通风量。

当夜间开始出现霜冻，要逐渐加盖草苫。植株在进入盛瓜期前，一定要控制好夜温，防止旺季化瓜。立冬后，气温下降快，日照变短，应尽量延长见光时间，早揭苫，晚盖苫。12月至翌年1月，是一年中最冷的季节，应注意保温。晴天白天10:00～14:00室温均应在25℃以上，甚至可达32℃；夜间最低气温控制在8～10℃，同时应注意防止徒长，仍可正常结瓜。

139 黄瓜秋冬茬栽培怎样施肥浇水？

秋冬茬黄瓜生长前期，天气热，地温高，蒸发量大，要及时灌水，促进生长，防止缺水形成老化苗。定植后4～7天浇一次缓苗水。水要浇足，一定要把瓜畦垄渗透。浇水后要加强通风，排湿防病。瓜苗封垄后，将大行锄松，控水蹲苗。

进入结瓜期后，根据外界温度和光照状况以及秧瓜长势进行水肥管理。前期由于温度高、光照好、晴天多、通风量大，可以适当勤浇水，每次水量可稍大些；中后期由于温度低、光照弱、阴天多、通风量小，可以适当延长浇水间隔天数，每次浇水量也应适当减少。

根瓜坐稳后进行第一次追肥，每亩追施尿素15千克；以后每隔5天灌一次小水，每隔10天追一次化肥。11月下旬后，要控制肥水的用量，否则因地温低、根系吸收力弱，若连续阴天，易发生沤根。

140 黄瓜秋冬茬栽培怎样进行植株调整?

当黄瓜秧长至6~7片叶开始伸蔓时，就要插架引蔓，以保证棚内群体通风透光。多在12月中旬进行黄瓜秧摘心。插架可分为两种：一种是挂线吊蔓，在栽培行的上面南北向固定一道14号铅丝，把线的上端拴在铅丝上，下端拴在秧苗的茎蔓上。还有一种是单行立架，用竹竿在每一行苗上垂直立插，然后用横竹竿，将每根立杆相联。当黄瓜出现卷须时开始绑蔓，绑蔓时不要伤害叶片，要将叶片均匀摆布在架上，防止互相遮挡。

结合绑蔓，打掉卷须、雄花、畸形花果及黄叶、病叶、老叶。对侧枝的处理，应根据品种结果习性、栽植密度和植株长势等而定。以主蔓结瓜为主的品种，可将侧枝尽早摘除，若还有发展空间，10片叶以下的侧枝全部摘除，中部以上的侧枝于瓜前留1~2片叶摘心。在12月上中旬进行掐顶。嫁接苗可适当晚些。

141 秋冬茬黄瓜采收有什么讲究?

秋冬茬黄瓜的根瓜应适当早采，若植株弱小，可将根瓜在幼小时就疏掉。采腰瓜和顶瓜时，植株已长大，叶片已多，可当瓜条长足时再采。一条瓜要不要摘，首先看采瓜后对瓜秧的影响，如果这条瓜的上部没有坐住的瓜，瓜秧长势又很旺盛，采后就可能出现瓜秧徒长，那么这条瓜就应推迟几天采收。如果瓜秧长势弱，这棵秧上稍大些的瓜可提前采收。通过采瓜来调整植株的生长，使营养生长和生殖生长同时进行。

秋冬茬黄瓜一般天越冷价格越高。为了促秧生长，待黄瓜价格高时提高产量，前期瓜多时可人为地疏去一部分小瓜，11月份天气好，可适当重地采些瓜，12月份后光照少，气温低，生长慢，摘瓜宜轻，尽量保持一部分生长正常瓜条延后采收。

这茬瓜在采收的前期，露地秋延后和大棚秋延后黄瓜还有一定的上市量，如果同时上市，势必影响价格，减少收入，为了不与其争夺市场，赶上好行情，可将采下的瓜进行短期贮藏，等市场价格回升后再上市。如果采收的黄瓜要贮藏，在商品成熟范围内，应当在黄瓜的初熟期和适熟期进行采收，不能在过熟期采收。否则，在贮藏过程中，黄瓜容易出现失水；如果采收的黄瓜不要贮藏，直接上市销售，可在适熟期和过熟期采收，让瓜条长足个头，增加黄瓜重量。

特别提示

秋冬茬黄瓜的上市时期安排在秋延后黄瓜之后，越冬茬黄瓜上市之前，以获得较高的经济效益。在生长上要避开黄瓜的上市高峰，又要在秋季光条件较好时培养起壮株，搭好丰产架子，因此栽培时间的安排非常重要。一般要求将收获高峰期安排在11～12月份，从北到南的播种适期在8月初到8月底，9月中下旬始收，10月份开始采收。在第二年的1月底至2月份，当深冬茬黄瓜大量上市时拉秧。黄瓜秋冬茬栽培，在栽培过程中，由于外界的温度由高到低，与黄瓜开花结实要求的较高温度的生物学特性相反。因此，在栽培中要充分利用生长前期适宜的温光条件，开始采收后要克服低温、短日照的不利生长条件，提高产量，并设法延长供应期。

142 越冬茬黄瓜在播种前种子要做怎样的处理？

日光温室越冬茬黄瓜一般在10月上旬播种。黄瓜亩用种子量150～200克。砧木亩用种子量1500～2500克。播种前将种子在太阳下暴晒并精选。将种子用55℃的温水浸种15分钟，并不断搅拌至水不烫手时（30℃）停止，经温汤浸种后的种子用0.1%的高锰酸钾溶液浸种15分钟，药液用量以埋没种子为宜，或用50%多菌灵可湿性粉剂500倍液浸种1小时，清洗干净后继续浸泡6小时，将种子黏液搓洗后，摊开晾10分钟，用干净湿布包好于25~30℃条件下催芽，每天用温水冲洗一次，种子露白尖时备播。

143 越冬茬黄瓜育苗用的营养土如何配制？

育苗用营养土的配制是：用近几年没有种过瓜果类蔬菜的菜园土50%，腐熟畜禽粪40%，饼肥5%，炉灰或沙子5%。每立方米营养土加腐熟捣细的鸡粪15千克，过磷酸钙2千克，三元复合肥3千克，50%多菌灵可湿性粉剂80~100克，混合均匀后过筛。一般采用纸筒、塑料营养钵小拱棚电热线育苗。育苗盘亩用量0.16平方米，塑料营养钵亩用量2.5平方米。做苗床应注意背风向阳、坐北朝南东西延长为宜。一般苗床宽1.0~1.2米，长8米左右为宜。苗床应建在温室内。栽植一亩黄瓜需苗床35~40平方米，砧木苗床2平方米，电热线30根。纸筒、塑料营养钵填装营养土应于播前完成。

144 越冬茬黄瓜怎样播种？

在育苗地挖15厘米深苗床，内铺配制床土10厘米厚，选晴天苗床浇水渗透后，上铺细土，按行株距3厘米点种，种子覆土厚1~2厘米，床上覆盖塑料薄膜。容器播种方法是将15厘米深苗床先浇透水，用直径10厘米、高10厘米的纸筒，内装配制床土8厘米，上铺细土，每纸筒内点播一粒种子，浇透水，上覆2厘米，再将筒式钵摆放在苗床里。出苗后选留子叶平展肥厚、颜色浓绿的壮苗，淘汰弱小苗，每钵定苗1株。砧木的播种期靠接法比黄瓜晚播7天左右，插接法比黄瓜早播4~5天。

145 怎样掌握越冬茬黄瓜定植时期？

一般在苗长15厘米左右，三至四叶一心，子叶完好，节间短粗，叶片浓绿肥厚，根系发达，健壮无病，苗龄35天左右，开始定植。定植期要求白天气温为25～28℃，地温为20～25℃，夜间地温达到12℃以上。定植宜选择晴天10:00～14:00定植为好。

146 越冬茬黄瓜定植前怎样整地?

冬春茬黄瓜从定植到采收结束长达8个多月，生育期长，而且产量高。加之在低温下植株对肥料的吸收和用能力又低，因此，要高产优质，必须在定植前施足基肥。一个长50米，跨度约7米的日光温室，最少应施优质土杂肥5立方米，腐熟厩肥4立方米，饼肥250千克，磷酸二铵50千克，黄瓜专用肥100千克，硫酸钾50千克。其中70%撒到地面，结合深耕，翻入地下，其余30%结合挖丰产沟施入沟内。有机肥必须经高温沤制，充分腐熟后才可施用。

越冬茬黄瓜在生长前期要求控制灌水，定植时要防止大水浇灌，降低地温，因此底墒必须充足。耕地前最好先灌一次透水，地面见干时普施基肥后深翻20～30厘米，加深熟土层，提高土壤蓄水保肥功能，消灭病虫害。深翻最好在日光温室建立前进行，旧日光温室翻耕后适当晾晒。翻耕后碎土整平。定植前15～20天，结合整地每亩施腐熟鸡粪7～11立方米。磷酸二铵50千克或复合肥60～70千克。施肥后于10月下旬扣好塑料薄膜。深耕细耙，整平作垄。

每亩棚室用硫磺粉2～3千克，加80%敌敌畏乳油0.25千克，拌上锯末，分堆点燃，然后密闭棚室一昼夜，经放风无味后再定植。或定植前利用太阳能高温闷棚。为预防病虫害扣棚时在放风处设20～30目尼龙网纱密封，防止蚜虫。白粉虱进入。地面铺银色地膜，或将银灰膜剪成15～20厘米宽的膜条，挂在棚室放风口处。

定植前20天扣好棚膜，提高地温，熟化土壤。

147 怎样提高越冬茬黄瓜定植的成活率?

在10月上旬定植。越冬茬黄瓜要带土定植，起苗要带好土坨，尽量少伤根。苗挖出后，选蹲实、叶片大而完整、无病、嫁接部接合紧密、愈合良好的苗定植。用南北向行，宽窄行方式栽植，宽行70~80厘米，窄行40~50厘米，株距25~30厘米。定植时先按行距开宽15厘米、深3~5厘米的浅沟，将苗放入沟内，然后培土，高10~15厘米，使成中间略低些的瓦沟形。定植时注意覆土要在嫁接口以下，定植后苗高35厘米时去掉嫁接夹，在嫁接口涂抹甲基托布津等杀菌剂，以防伤口感染。

苗栽好后可先在窄行小沟内灌水，灌水要足，要将土坨及周围土壤全部渗湿，水渗后覆盖地膜，也可先覆地膜再在膜下灌水。定植后的缓苗水，一定要灌足，使之充分渗透土壤。因为这次灌水后到第二年1月底，由于温度低，为防止降低地温，一般不再浇水。如果定植期间天气好，土壤水分又不足时，可以采用大小沟全部灌水的方式，借以稳苗并蓄墒。次日，苗略呈萎蔫时，用宽120厘米，厚0.015毫米的地膜，盖在两小垄上，按株开缝、破洞，把苗掏出，将膜拉紧展平，压贴到小垄外侧大沟下部，再用土将掏苗孔封严。

148 越冬茬黄瓜定植后如何调节棚室内温度?

黄瓜苗期生长温度为15~30℃，进入结瓜期为14~28℃。地温要求为18~26℃，不能低于12℃。在栽培过程中始终要设法满足黄瓜对温度的要求。

秋冬季节 9月中旬至12月中旬是育苗期及定植后的管理，要控制温度防止徒长，适当划锄促进根系生长，以利于越冬。

深冬季节 12月下旬至2月中旬是结瓜增产的关键时期，光照时数要尽量达到6~8小时，要早揭草苫，保持棚室内最低温度在 10～12℃。要适当晚通风、早关通风口，当温度达到 28～30℃时通风，下午当温度降到 24℃时合通风口，温度降到 20℃时放草苫。为了提高光照强度，拉起草苫后，要及时清扫棚膜上的灰尘。浇水会直接影响地温，若土壤缺水要先看天气预报，选寒流过后晴天上午浇水。同时提高棚室的温度达 33～35℃时再通风，第二天也要把温度提到 32℃以上再通风。

149 越冬茬黄瓜定植后如何调节棚室内水分?

越冬茬黄瓜肥水管理因黄瓜不同生育阶段及不同季节而异。

缓苗期 这一时期以促进缓苗为主要目标，要求土壤含水量高，土壤绝对含水量 25% 以上，所以定植水要浇足，定植后 3～5 天观测，发现水分不足时应在膜下沟内灌一次缓苗水，灌水时要灌透，并且要在晴天上午进行，避免严寒季节频繁浇水，降低地温。

初花期 此期以秧苗促根为主要目标，土壤含水量不要太高。如果定植水和缓苗水浇透，土壤不严重缺水，在根瓜形成前基本不追肥浇水，采用蹲苗的方式促进根系发育。

结果期 越冬茬黄瓜的追肥灌水，主要在结果期进行。从根瓜至拉秧期间，以促进植株生长与调整营养生长和生殖生长平衡为中心进行栽培管理。当黄瓜大部分植株根瓜长到 10～15 厘米时，进行第一次浇水追肥。过早易造成茎、叶徒长，影响结瓜；过晚可能使茎、叶生长受到抑制，发生坠秧。此时如果植株长势旺，结瓜正常且不缺水，可推迟到根瓜采收前进行；反之，则应提早浇水。从采收初期至结瓜盛期一般 10～20 天灌一次水。2 月份以前，温度偏低，切忌通大风、浇明水，采用膜下沟灌或滴灌，以提高地温，降低空气湿度。进入结果盛期后，外界温度高，通风量大，土壤水分蒸发快，需 5～10 天灌一次水，可明暗沟同时灌水。灌水应选择晴天，灌水后应加强通风。

150 越冬茬黄瓜生长期如何施肥?

在定植前施足基肥的基础上，追肥可在根瓜采收前，结合第一次灌水进行。肥料以尿素、磷酸二铵、复合肥等交替施用，结果初期每次每亩施10~15千克。施肥时把肥料溶于水中，然后随水灌入小行垄沟中，灌水后把地膜盖严，每隔20~30天追一次肥。结果盛期每次每亩施15~20千克，每隔10~15天追肥一次。盛果期开始在明沟追肥，可先松土，然后灌水追肥，并与暗沟交替进行。整个生育期追肥10次左右。

冬茬黄瓜因薄膜密闭覆盖期长，施二氧化碳肥的效果更好，施用方法参考塑料大棚春提早黄瓜栽培有关内容。

151 越冬茬黄瓜生长期如何调整植株?（视频17）

当瓜秧长到6~7片叶时，及时绑绳上架，并且要打去侧枝、卷须和雄花蕾，以减少养分消耗。定植后约15天，当瓜秧长到第7片叶时，开始拉绳吊蔓。先在每行黄瓜上方，离棚膜20厘米处，南北向拉一道铁丝，拉紧固定。在每株黄瓜上方拴一根聚丙烯塑料绳或细麻绳等。绳上端用死扣与铁丝相连，另一端用活扣拴在瓜秧茎基部，让瓜蔓绕线上爬，形成“S”形绑蔓。吊蔓过程中，注意调整蔓尖的高度。植株生长过旺时，可将其生长点偏离吊线自然垂向下方，减弱顶端生长优势。反之，则使茎端垂直顺绳向上生长，使长势转旺，务使黄瓜秧茎尖生长点，从北向南依次降低成一斜线，最北端比最南端约高10厘米，达到受光均匀，互不遮荫，生长整齐。在植株的生长过程中及时将雄花、卷须掐掉，并将化瓜、弯瓜、畸形瓜摘除，以节省养分。

黄瓜定植后生长迅速，每长出1节就要缠一次蔓，在缠蔓的同时，还要及时摘除雄花、卷须和砧木发出的侧枝，以及化瓜、弯瓜、畸形瓜。日光温室冬茬嫁接的黄瓜，由于肥水充足，结果期易发生侧枝，在栽培密度较大的情况下，不但养分消耗大，还影响光照，因此应结合缠蔓及时摘除。在密度较小和枝叶不够繁茂的情况下，可保留5节以上的侧枝，结1条瓜，并在瓜前留2片叶摘心，收完瓜后打掉。

日光温室黄瓜以主蔓结瓜为主，整个生育期一般不摘心，在养分充足的情况下照样可结回头瓜，主蔓可高达5米以上。因此，当龙头接近屋面时，要进行落蔓。落蔓前打掉下部老叶，一般在日光温室中后部进行2~3次落蔓，日光温室前部进行3~4次落蔓。落蔓的方法是把拴在铁丝上的尼龙绳解开，让下部老蔓盘卧在地面上，为龙头继续生长留出空间。

152 越冬茬黄瓜怎样进行人工授粉？（视频18）

黄瓜为雌雄同株虫媒异花授粉作物，不经授粉、受精可以结实，但其结果能力远不及充分授粉受精者生长良好。为此，可在每天9:00~10:00，取当日开的雄花除去花瓣，露出雄蕊，对准当日开的雌花柱头轻轻涂抹，每朵雄花可授2~3朵雌花。

153 越冬茬黄瓜遇连阴天怎样进行田间管理？

越冬茬黄瓜栽培，在元旦前后经常遇到连阴天，成为黄瓜冬季生产的一道难关。在这种情况下，生产上除了尽量采取增光补光措施外，还应采取相应的弱光期补偿管理，达到减灾保收的目的。

低温管理 连阴天情况下，应采取适当的低温管理。因为在弱光条件下，黄瓜的光合作用受到光照强度的限制，光合产物减少，此时应通过降低温度来抑制呼吸作用，减少呼吸消耗，促进光合产物积累。白天叶片进行光合作用，温度可控制在23~25℃，夜间为减少呼吸消耗，一定要将温度控制在较低水平；否则，夜温过高，呼吸速率增加，白天合成的有限的光合产物将全部用于呼吸消耗，植株衰弱，难以形成产量。前半夜温度可控制在13～15℃，后半夜则可降至8～10℃，早晨揭帘前甚至可以降到5～8℃。

控制浇水 弱光条件下，进行低温管理，植株生长相对缓慢，适当控制浇水；否则温度降低、湿度升高对黄瓜生长不利，且易诱发病害。如需浇水，应选择晴天上午进行，水量不可过大，浇水后停止通风，使棚温尽快恢复。

追肥管理 弱光条件下，应控制化肥特别是氮肥的施用，尽量不施氮肥，否则，在相对密闭而又少浇水的日光温室内易发生氨气和亚硝酸气体危害。最好采用叶面喷施，以磷酸二氢钾、尿素、白糖为主，以弥补低温弱光条件下植株根系吸收之不足，增加光能合成，促使秧苗生长。

154 越冬茬黄瓜采摘有何讲究？（视频19）

黄瓜以采收嫩瓜作为商品上市，一般在雌花凋谢后8～10天，达到商品要求后立即采收，特别是头1～2条瓜要早采。因为着瓜前期，叶面积较小，植株生长缓慢，根瓜的生长发育，常与根、茎、叶争夺养分。如采收偏晚，会严重妨碍整个植株的生长。即便到了黄瓜生长中期，茎叶生长旺盛，瓜条生育快，也要适时采收。这样不仅可以增进品质，而且可提高植株的长势，增加产量。

瓜条应在种皮开始形成时采收，这时果皮软，心室小，种子小，脆嫩可口，品质佳。所以，勤摘瓜，结瓜多，瓜条大，采收期长，产量高。冬季日光温室黄瓜每天采摘一次的，比隔日采摘一次的瓜条多20%，总产量提高9%以上；每天采一次比隔3天采一次的瓜条数多40%，总产量提高10%以上。6月份以后露地黄瓜已大量上市，日光温室黄瓜失去市场竞争力，应及时拔秧清园，搞好室内消毒。

特别提示

越冬茬黄瓜栽培是在寒冷季节，室内最低气温不低于10℃的前提下，将其播种育苗期安排在秋季，以团棵状态的幼苗在秋末冬初定植，第二年元旦前后开始采收，元旦、春节和早春大量上市，此时黄瓜市场价格高，经济效益显著。越冬茬黄瓜栽培的关键措施一是培育适龄壮苗。育苗期正值一年当中最寒冷的季节，必须千方百计防寒保温，保证幼苗正常生长发育。二是加强病害的综合防治。日光温室内高湿的特点，许多病原体容易侵染。特别是连续阴雨天气，更应加强病害防治工作。否则，病害一旦暴发，将损失惨重。

155 早春茬黄瓜育苗前要做哪些准备工作？

早春地温低，对黄瓜苗出土及生长极为不利。因此早春茬黄瓜最好采用温床育苗。育苗前要准备好育苗床、育苗用的营养土以及营养钵。

苗床一般设在日光温室中部，光照充足地区在苗床底下铺一层稻草，在草上先铺约 5 厘米的过筛土，土层上铺设地热线，以补充加温的苗床上可搭小拱棚，根据温度情况与苗期，选择在小拱上盖纸被、草苫等覆盖物，以提高苗床内温度。每亩需苗床约 50 平方米。

育苗土选用过筛的生茬园土与腐熟的有机肥，按 7∶3 比例混合拌匀。或者每亩施腐熟鸡粪 4～6 立方米，加过磷酸钙 100 千克，与鸡粪混合进行发酵腐熟。由于鸡粪含肥浓度高，易烧苗，且易诱发微量元素缺乏症。所以用量宜少，而且要充分腐熟过筛，与营养土混匀后，才可施用。注意不要掺入碳酸氢铵或尿素，以防产生氨害。

156 早春茬黄瓜怎样安排育苗时间？怎样浸种催芽？

日光温室早春茬黄瓜栽培，一般在12月下旬至第二年1月上旬播种，若采用电热温床或酿热温床育苗，播种期可适当推迟10～15天。

播种前，将黄瓜种子放入干净的小盆中，少放一点凉水泡20分钟。之后加热水，使水温达到55℃，浸种20分钟，在这个过程中，不断搅拌种子，不断加热水增温，保持浸种水温。约20分钟之后，把水温降至28～30℃，浸种4～6小时。

浸种后要用清水冲洗2次，然后用纱布沥干水分，用布包好，置于27～30℃的温度下催芽，有条件的放入恒温箱中催芽。在这样的条件下，种子经过24小时后便开始出芽，催芽期要注意种子保湿。

在催芽的过程中，采取变温的方法可以提高植株的耐低温能力。方法是当种子50%～70%出芽后，放在低温(1～5℃)处进行低温锻炼，以增强抗逆性，并等待播种。也可放在冰箱冷藏室中，或者放在日光温室前沿，用土盖上，但最多不得超过2天，否则胚根过长或老化，对培育壮苗不利。

157 早春茬黄瓜播种时有哪些要点？

播种的时间应选在连续几天晴天的上午进行，并且力争上午播完。若当天上午播不完，可放到第二天上午再播，也不要在下午播种。播种前要浇足底水，然后适量喷一次药，在营养钵中间把已出芽的种子朝下放入营养钵中，每钵1粒，播种后覆1厘米厚的土，全部播完后盖上一层地膜以保温，搭上小拱，盖上草苫或纸被，同时打开地热线，使地温一般维持在24～26℃。天气晴好时，把草苫或纸被揭去，以利日光照射。等到种子破土时，就可以揭去地膜；出苗后，苗床要多见光，避免秧苗纤弱。

158 早春茬黄瓜的壮苗有什么标准？怎样培育壮苗？

早春茬黄瓜的壮苗要求为苗龄四至五叶一心，株高 15～20 厘米，茎粗，节短，叶厚，有光泽、绿色，根系粗壮发达、洁白，全株完整无损，第 4 或第 5 节着生第一雌花。为了达到壮苗标准，生产上可以采取以下方法。

首先是温度管理上，从播种期到幼苗出土这个时期要保持较高的温度，苗床要多见光，白天 29～31℃，夜间 20～25℃为宜。出苗后开始降温，白天 24～26℃，夜间 15～16℃，防止秧苗徒长。

其次是水分管理上，浇水次数宜少不宜多，而且要一次性浇透水，避免频繁浇水。要做到个别缺水个别补，全床缺水全床补。浇水的时间应选在“阴尾晴头”，争取浇水后有连续 3 天以上的晴天。如果浇水后遇阴天，会因为湿冷结合造成寒根或沤根，甚至发生霜霉病、灰霉病、猝倒病等。浇水时间宜选在晴天上午，浇水后当天中午通风排湿，下午覆盖过筛细土，可防止表土板结，阻止水分蒸发，降低床内空气相对湿度，避免发病。

第三是要覆土降湿。为防止苗床水分散失太快，控制苗床湿度，可以采取覆土的方法。在幼苗出齐后第一次覆土，子叶展平后第二次覆土，第 1 片真叶展开后第三次覆土。每次覆土厚度约 0.5 厘米。覆土还有利于保护根系，因为上午有露水，覆土对苗不利，因此覆土应安排在下午 1～2 时进行。

第四是补充营养，苗床营养土育苗一般不需追肥。若连续阴天，特别是冷床育苗的地温较低时，根系吸收功能受阻，幼苗发黄瘦弱，应及时补充营养。可以叶面喷施 0.2% 尿素加 0.2% 磷酸二氢钾混合液，以及成品的叶面肥、微量元素肥料等。

另外，定植前 7 天要适当降低育苗床的温度，白天温度控制在 20～23℃，夜间温度控制在 10～12℃，这样可以提高秧苗的抗逆性，定植后易成活。

早春茬黄瓜也可采取嫁接的方法培育嫁接苗。

159 早春茬黄瓜怎样整地做畦？怎样进行棚室消毒？（视频20）

早春茬黄瓜进入结瓜期后，日照时间逐渐加长，温度逐渐提高，生长速度加快，因此地要早耕深耕，重施基肥。可以在定植前及时翻耕20～33厘米，晒垡7天左右，施入基肥，耙平整细。每亩用优质粗肥1万千克，饼肥150～200千克；或用硝酸铵50千克，过磷酸钙50～100千克，硫酸钾15～20千克；也可用磷酸二铵50千克，草木灰150千克。粗肥和饼肥要充分腐熟细碎，2/3粗肥全面撒施，翻耙1～3次，使粪土混匀，耙平后做畦；其余1/3粗肥和全部饼肥或全部化肥于做畦后沟施。

做畦与覆地膜要在定植前5～7天完成，以利于提高地温。为使行内植株充分采光，高畦一般为南北向延长。在整地施肥后，做龟背形高畦或马鞍形高畦。畦高10～15厘米，畦宽1.3米，每畦栽两行，畦面要求平整细碎。采用地膜覆盖畦面宽70～80厘米，高15厘米，畦面上要修一个槽型沟，实行膜下浇水，按28～30厘米株距栽苗，定植时应选择晴天进行。栽植时以苗坨与畦相平为宜，定植水不宜浇太多，以免降低地温，水浇后培土成垄，这样土温高，容易生根缓苗。温室在定植前7天进行熏蒸消毒，每百平方米用硫磺粉150克，掺拌锯末和敌百虫0.5千克，分放几处，点燃后密闭温室熏一夜，可以消灭部分地上病菌。

160 早春茬黄瓜选择什么时间定植好？

早春茬黄瓜在适期内尽量早定植，一般是在12月下旬至1月上中旬播种，2月上中旬定植，3月上中旬开始采收，7月上旬拉秧。陕西省关中地区、河南省中部，1月下旬到2月下旬最好，河北省中、南部2月上旬较好。早栽才能早开花，早收获。但须注意地温，只有当10厘米深处最低温度达到12℃以上，每天高于15℃的温度超过6小时时才能定植，否则不发新根，生长受抑制，甚至发生沤根死苗现象。定植日期应选在“阴尾晴头”天气的上午。如果定植时遇阴天，可停栽或干栽，待天气转晴时再浇水，防止诱发病害和寒害。

161 早春茬黄瓜按什么密度定植好？定植时要注意什么？

为提高早期产量，种植密度要大。一般采用宽窄行，宽行宽80厘米，窄行50厘米，株距25厘米，畦宽90～100厘米的小高畦通常单行栽植，株距17～20厘米。前者是在黄瓜主行之间再增植1行黄瓜，称为副行；后者是在主行内植株之间再增植1株，谓之副株，当副行或副株长到10～12片叶时打顶，每株留3条瓜。当副行或副株影响主行或主株生长时，逐步拔除之，这样可以增产20%～30%。每亩种植密度为4000株左右。

先在垄上开沟，为预防黄瓜霜霉病等的发生，每亩用3千克40%乙磷铝可湿性粉剂与沟内土壤混合均匀，顺沟浇水，然后趁水未渗下按株距放苗，水渗后封沟。整平垄面覆盖地膜。定植4～5天后，植株根系已扎下，再在两个小垄之间的沟内地膜下灌水。水量以充分渗透垄背为准，促进缓苗。灌水后，立即整修垄面，低洼处用土填平，使以后灌水时不致破畦串流，然后盖地膜。这样水量充足，根瓜采收前不用再灌水。

162 早春茬黄瓜各生长发育期有什么特点？怎样把握管理要点？

早春茬黄瓜生长虽然受到许多不利条件的影响，但只要措施得力、管理及时，就能够取得生产的丰收。

前期是指定植后到植株长出12～13片叶，植株株高达1米左右，根瓜坐住后初花期结束为止，时间40～50天。这个时期是黄瓜根系生长、茎叶生长、开花坐瓜的时期，生产上要通过肥水管理，灵活掌握促控，调节茎叶生长和发根，保证坐瓜，防止徒长以及出现花打顶、根瓜坠秧等现象，协调秧瓜生长平衡。

中期是指从初花期结束到盛果期，时间约为80天。这段时间外界气温开始升高，光照强度增加，非常有利于植株的生长，是早春茬黄瓜获得丰产的关键时期。从根瓜开始膨大时开始，茎叶生长和果实生长同步进行，植株营养生长和生殖生长日益旺盛，对养分和水分的需求急剧增加，生产上要保持秧瓜生长平衡关系，协调日光温室的温、光、水、肥、气五大环境因素，保证叶片光合机能旺盛，加强病虫害综合防治，延长结瓜期，才能获得早熟丰产高效益。

后期是指从盛果期到生长结束。主要特点是黄瓜摘心以后，生育逐步减缓，功能叶片数量减少，寿命缩短，夏季高温强光形成不利于植株的生长环境，这个时期要加强肥水管理和放风，追肥应以钾肥为主，同时更要加强病虫害的防治，防止植株早衰，促进回头瓜的生长，形成第二个产量高峰，提高生产效益。

163 早春茬黄瓜大田种植期怎样科学调节温度？

定植后一周植株即可缓苗，如有覆盖就应在早晨及时揭去，利于太阳辐射，提高土壤温度。缓苗期间土壤温度对缓苗的影响大于空气温度。定植后高温高湿条件利于缓苗，日光温室应密闭保湿，棚内可保持35～38℃的高温，尽量保持15℃以上的地温。前期应以促根控秧为主，尽量控制地上部生长，促进根系生长发育。

生长中期地温和气温均已升高，天气变化频繁。管理重点是密切注意天气的变化，适时调节温度，避免出现高温伤害和低温伤害，特别要注意防止高温伤害。为促进植株生长提高前期产量可适当提高室内温度，白天温度保持25～32℃，温度超过32℃时即要放风，温度低于18℃时要覆盖草苫，前半夜温度保持在16～20℃，后半夜温度保持在13～15℃。温度调节的方法主要是靠通风，通风口设在日光温室的前屋面顶部和腰部，随着外界气温的升高，通风口由小到大，通风时间由短到长，既可降温又可排湿防病。进入4月以后，要逐渐撤去草苫和其他覆盖物，防止夜温过高。

164 早春茬黄瓜大田种植期怎样科学施肥？

根瓜坐住前管理应以促根控秧为主。根瓜坐住的特征是瓜长10厘米以上，瓜把发黑。根瓜坐住后，瓜条迅速膨大，应依墒情和植株长势决定是否浇坐瓜水。若墒情好，瓜秧长势强，可推迟到根瓜采收前后浇水追肥；若土壤墒情差或中等，瓜秧长势中等或弱，应及时浇根瓜水，以促进根瓜迅速膨大生长，并结合浇根瓜水追施速效化肥，每亩可施硝酸铵20～30千克，或尿素10千克。根瓜水和肥宜小不宜大。

黄瓜植株进入盛果期，需要的肥量大增，而黄瓜根系吸肥能力较弱，又不耐肥。因此，除施足基肥外，还要多次少量追肥，即少施勤施。追施速效肥料太多，黄瓜根系吸收不了，土壤溶液浓度过高，轻者诱发微量元素缺乏症，重者易烧根和发生土壤次生盐渍化。

根据少施勤施原则，采取隔水追肥或水水带肥方法施肥。每亩每次追施硝酸铁15～20千克，或尿素10～15千克，水带肥的用量应减半。结瓜初期地温较低，土壤硝化细菌活动受影响，硝态氮易被吸收，宜施硝酸铵，其次是尿素，最好不施硫酸铵；结瓜盛期温度较高，可施用尿素或硫酸铵，以降低成本，盖膜期间禁用碳酸氢铵，防止氨气危害。结瓜期可追施磷钾肥1～2次，每亩可施磷酸二铵10～15千克或硫酸钾10～20千克。结瓜期若植株生长势弱、叶片发黄，可叶面施肥，用0.2%～0.5%尿素加0.2%～0.3%磷酸二氢钾混合喷洒，以促进植株健壮生长，提高抗病能力，促进果实生长，延长采收期。

日光温室生产中，二氧化碳短缺是限制黄瓜产量的重要因素之一。人工施用二氧化碳在晴天上午光照充足时效率最高，施后温度可适当提高至33～35℃，以促进光合作用。

165 早春茬黄瓜大田种植期怎样科学浇水？

缓苗后严格控制水分，不旱不浇水，土壤绝对含水量保持在20%左右，以利于地温迅速回升，促使根系向土壤深层发育，但若盲目追求地温回升迅速，不浇缓苗水，初花期易干旱缺水，且难于管理。不盖地膜的，浇缓苗水后应中耕松土，以提高地温及保墒。缓苗后，若秧苗长势差且黄弱，可适当提高温度，并用磷酸二氢钾加叶面肥等喷洒叶面。不能随缓苗水施用速效氮肥，以防疯秧徒长。

黄瓜结瓜期植株生长量大，蒸腾作用旺盛，需水量大，每株黄瓜每天吸水达4千克，而黄瓜根系喜湿，怕旱，不耐涝。浇水宜采取小水勤浇，若大水漫灌则易造成沤根和室内高湿，引起死秧以及病害蔓延；如果缺水干旱，植株生长势明显下降，化瓜严重，瓜条生长极缓慢。浇水时间要安排在晴天上午，中午高温期不宜浇水，下午、傍晚或阴雨天也不能浇水。浇水后在中午要通风排湿，以免造成室内高湿，诱引起病害。

结瓜初期，植株常临时空秧无瓜。应适当控水，待坐瓜后再转正常水肥管理。若仍浇水追肥，会造成茎叶疯长，上节位大量化瓜。

166 早春茬黄瓜生长中期怎样调节光照？

光照调节的方法包括以下几个方面。①要保证合理的采光角度，采用无滴长寿薄膜，安排合理的定植密度，使形成良好的群体结构。②及时绑蔓，主副行栽植的，中后期要及时拔除副行，防止因贪瓜而影响群体的通风透光性能。③水肥供应要合理，防止茎叶徒长造成田间郁闭，中后期要摘除底部老叶、病叶。④上午揭草苫的时间，以揭开草苫后棚内气温无明显下降为准。晴天时，阳光照到棚面时及时揭开草苫。下午棚内温度降到20℃时盖草苫。若遇雨雪天棚内气温只要不下降，就应该揭开草苫。大雪天可在中午短时间揭开或随时揭开随时盖。连续阴天可于午前揭开午后盖。久阴乍晴时，要陆续间隔揭开草苫，揭苫后若植株叶片发生萎蔫，应再盖苫，待植株恢复正常，再间隔揭苫。在晴天时应尽量早揭晚盖草苫，多见阳光。⑤在栽培畦北侧张挂镀铝镜面薄膜作反光幕。晴天中午在距反光幕前2米以内的水平地面，光强会增加50%以上，阴天增加10%～40%；晴天气温增加2℃以上，阴天增加1℃以上。结瓜中后期光照过强时，要撤去反光幕，以防日灼伤害。

167 早春茬黄瓜大田种植期怎样进行植株管理？

当植株长出5～6片叶以上时，为保证植株直立生长，受光姿态良好，应及时进行吊蔓，垂直吊绳于秧蔓基部。如果吊蔓不及时，主蔓爬地生长后再引蔓上架，易受机械伤害，断蔓断叶柄较多。为促进根系和瓜秧生长，10～11片叶子以下的侧枝应打掉，并及时摘除雄花、卷须等，对秧下部枯萎的老叶、病叶及时打掉，减少营养消耗，保证植株的健壮生长。

盛瓜期叶片过大，龙头肥大向上，化瓜较多时，表明长势过旺，应横着绑蔓，抑制植株长势；当瓜条过多，龙头变小，生长势弱时，要直立绑蔓。当瓜秧爬满架，长到距膜面20～30厘米时摘心，以利于热气流动，从棚顶放出。摘心可消除顶端优势，促使回头瓜生长，若管理技术水平高，叶片病害很轻，植株长势强壮，可以适当摘除底部老叶，不摘心而落蔓，增加叶片数和结瓜节位，延长采收盛期，增加产量和产值。为了落蔓方便，通常在塑料绳吊蔓时预先留出余绳，落蔓宜在下午进行，上午落蔓，瓜蔓和叶柄脆嫩，易折断或受伤。

结瓜初、盛期，室内光照较弱，光合产物少，为把养分集中分配给新生茎叶和雌花及幼瓜，应及时摘除卷须、侧枝、雄花、多余的雌花和幼瓜，特别是发育不良的雌花和瓜条，以减少非生产消耗。这是日光温室黄瓜节约增值的技术措施之一。结瓜中后期，摘除老叶、病叶，减少养分消耗，改善群体下部的通风透光条件，防止病害发生。

168 早春茬黄瓜怎样采收？

早春茬黄瓜根瓜要尽早采收，以防坠秧。结瓜前期因温度低，生长慢，可以隔 3 ~4 天采收一次。随着外界气温升高，肥水管理的加强，每隔 2 ~3 天采收一次。到盛果期，每天早晨采收一次。收获期一定要及时采收，采晚影响其它瓜的生长，并引起植株早衰。到采收后期，有回头瓜，应继续加强肥水管理，及时采收。

特别提示

早春茬黄瓜的播种期应根据当地的气候条件、日光温室的性能、前茬作物倒茬的时间来确定。一般在 12 月浸种催芽。如果前茬作物倒茬早，日光温室保温条件好，可以提早到 11 月中下旬进行。早春黄瓜育苗期正值低温短日照季节，尤其在日光温室中育苗时，一旦遇到连续阴雪天气，温度低，出苗困难。即使出苗，也常有沤根死苗现象。而后期又遇上高温强日照等不利因素的影响，日光温室内环境调控十分困难，使生产的难度进一步加大。因此，只有掌握好生产的关键措施，综合运用多种手段加强管理，才能保障植株的正常生长，获得较好的生产效益。

169 露地春黄瓜应选用什么品种？怎样培育壮苗？（视频21）

适合春季栽培的露地黄瓜品种有津春4号、津春5号、津研4号、津优4号、湘春2号、湘春3号、湘春4号、湘春5号等。露地春黄瓜在有霜地区必须在当地断霜后，地温稳定在12℃以上才可进行定植或直播。播种过早，定植时苗龄太大，根系发育不良；播种过迟，既达不到早熟的要求，而且后期遇高温，产量不高。定植时以4～5片真叶为宜。露地春茬黄瓜需要在保护地内提前育苗，再定植于露地。育苗工序：床土准备→浸种催芽→播种→苗期管理与炼苗。

170 露地春黄瓜定植前要做哪些准备？

定植前3～4天挖苗囤苗，挖苗前一天下午，苗床浇一次透水，次日趁湿挖苗，苗坨高10厘米，长宽各8厘米，将苗坨一个挨一个放在原畦内，苗坨间不留缝隙码放好用土封边，开始囤苗。经3～4天坨的周围开始喷出新根，这样定植后缓苗快，成活率高，正常天气昼夜敞开苗床锻炼，以适应露地定植环境。

选择疏松肥沃的土壤。头年冬前翻耕，深达25～30厘米，同时结合翻耕，每亩施入有机肥5000～7500千克作基肥，也可在耕耙时施入。开春后，作好灌排水沟，并耙平地面。做成1.2～1.5米宽的高畦，沟深25厘米，以利排水。

171 露地春黄瓜怎样定植？

黄瓜根系伸长的最低地温为8℃（地表下10厘米），就各地春黄瓜的定植期，一般要求平均气温在15℃左右，有霜地区必须在当地断霜（绝对终霜）后，地温稳定在12℃以上时定植。

定植密度应根据栽培品种的特性、土壤肥力及生长期长短而定。一般每亩定植3000～4000株。主蔓结瓜品种、土壤肥力较低时可栽密些。相反，品种侧枝结瓜多，土壤肥力高时可稀植些。一般定植行距 60 ~ 66 厘米，株距 25 ~ 30 厘米。

黄瓜的栽培一般分明水栽和暗水栽两种。明水栽即在畦面挖穴、栽苗后浇水，暗水栽也叫坐水栽、水稳苗，一般在定植前先开沟晒土，栽时再顺沟施入部分基肥，与土混合后放水，待水渗到一定程度后，将瓜苗土坨坐入泥水内，然后用沟两侧的土封沟。

172 露地春黄瓜定植后怎样进行肥水管理?

定植 4 ~ 5 天后，秧苗长出新根，生长点有嫩叶发生，表示已经缓苗。此时应浇一次缓苗水(如土壤很湿可不浇或晚浇)。加上此时正处于早春，地温尚低，所以浇水量不要太大，以免明显降低地温，加上土壤湿度大而导致沤根。待地表稍干，应及时中耕，提高地温。

从定植到根瓜坐住前，栽培管理上要突出一个“控”字，多中耕松土，少浇水，改善根部生长环境，促进根系发育，达到根深秧壮，花芽大量分化，根瓜坐稳的目的。但蹲苗要适当，要随时根据秧苗长相加以诊断，并根据土壤干湿状况综合判断，决定是否浇水。若仅以根瓜坐住与否来判断，则可能导致秧苗生长受阻，反而引起化瓜或根瓜苦味增强，并影响产量。待根瓜坐住，瓜条明显见长时，应及时浇一次水或粪稀水，促进根瓜和瓜秧的生长。

黄瓜进入结果期后，外界气温渐高，瓜条和茎叶生长速度加快，并随着瓜条的不断采收，肥水的吸收量也日益增多。此期在管理上要突出一个“促”字。但“促”的程度应因植株生育时期及外界环境的变化而异。原则上是先轻促，后大促，再小促。

在根瓜生育期，植株坐瓜尚少，秧子生长量尚小，外界气温尚不高，此时浇水量不宜过大，保持地面见湿见干即可。

腰瓜生育期气温升高，光照足，植株坐瓜多，茎叶生长旺盛，营养生长和生殖生长均达到顶盛阶段，对肥水的需求逐渐增大，此时应大量施肥浇水，每 1 ~ 2 天 1 水，甚至 1 天 1 水，浇水时间宜在早上。浇水要掌握少量勤浇的原则，不要大水漫灌。施肥一般随水施，一次清水，一次带肥水。肥料施用应掌握少量多次的原则。追肥水最好增加磷钾肥。化肥用量一般尿素每次每亩 8 千克，或磷酸氢铵每次每公顷 20 千克。

173 露地春黄瓜定植后怎样进行植株管理？

春季一般风大，常将幼苗茎叶吹断，因此应尽早搭架。一般用 2.0～2.5 米的细竹竿，每株 1 根竿，插在苗的外侧，与苗相距 7～8 厘米。架式以花格人字型架较结实，在行头行尾用 6 根竹竿扎一束，中间的 4 根扎一束。支架不仅可以保护秧苗，而且可以提高光能利用率，达到增产的目的。

通过绑蔓可以对黄瓜起到促和抑的作用。一般在株高 23～27 厘米时开始绑蔓，以后每隔 3～4 叶绑蔓一次。绑蔓一般绑在瓜下 1～2 节，绑蔓时应同时摘除卷须并采取曲蔓的绑法，以降低其高度，抑制徒长。

黄瓜以主蔓结瓜为主，但有些品种的侧蔓结瓜也很重要。黄瓜主蔓快到架顶时，一般在 20～25 节时摘心，以利回头瓜的发生。及时打掉底部的老黄叶和病叶。对于侧蔓，一般在第一瓜下的要尽早除去，防止养分分散，上面的侧蔓可采取见瓜后留 2 叶摘心，这样有利于总产量的提高。

特别提示

春季露地栽培是黄瓜栽培的主要形式之一。苗期采用保护地育苗，天气转暖后定植于露地，所以全期气候比较适宜，产量也较高。春季露地栽培主要用于鲜食黄瓜和盐渍黄瓜的生产。前期在外界条件不利时，通过人工创造的良好条件，培育出适龄壮苗，是栽培成功的关键。定植时田间外界气温尚低，应采取相应措施促使尽快缓苗，进入结瓜盛期应加强肥水管理；进入生育中后期时，外界气温上升，应加强病虫害防治。

174 夏秋季露地黄瓜应选用什么品种？怎样培育壮苗？

夏、秋黄瓜栽培品种，应选择耐热、抗病、生长势旺盛、丰产性好的品种，湖南省蔬菜所选育的湘春7号、8号黄瓜品种耐热、抗病、生长旺盛、耐肥、丰产，为迄今国内耐热最强的夏、秋黄瓜组合之一。

夏秋季露地栽培，播种时间一般安排在6月中旬至7月上旬。多采用直播，也可育苗移栽。由于夏季高温瓜苗较弱，可适当密植，一般亩栽5000~5500株。夏季多雨，肥料易流失，应重施有机肥，整地前每亩施腐熟圈肥4000~5000千克，整地不宜深，以15厘米左右为宜，以免深耕积水受涝。整地后做畦。夏秋黄瓜栽培一定要用小高畦或高垄，不能用平畦，以免受涝。小高畦的畦宽50厘米，高20厘米，畦沟宽70厘米，在小高畦两侧种植2行黄瓜，株距20~25厘米。高垄要先做高畦，畦面宽70厘米，沟宽50厘米，然后在高畦中间开一条深20厘米左右的小沟，可在小沟内浇水后将种子播于小沟内侧。在做畦的同时，还要提前做好排水沟，以备雨后排水用。

175 夏秋季露地黄瓜种植的技术要点有哪些？

播种后，当幼苗长出真叶时开始间苗、补苗。夏季由于时有暴雨和病虫危害，定苗宜迟不宜早，以免缺苗难补。幼苗长至3~4片真叶时定苗。

出苗后应进行浅中耕，促幼苗发根，防止徒长。结瓜前还要中耕多次，重点在于除草。播种结束后，着手修整排水沟，加固渠道，清除沟底杂物。如变天，应把排水的畦口敞开，大雨时要及时排除积水。

夏秋露地黄瓜，应特别注意防涝。浇水要看天气灵活掌握。苗期可施少许化肥促苗生长，结瓜后，一般每隔10~15天追肥1

次，每次亩施氮、磷、钾复合肥 10～15 千克。结瓜盛期肥水要充足。处暑后天气转凉，可叶面喷施 0.2% 磷酸二氢钾或 0.1% 硼酸溶液，以防化瓜。

插架、整枝、绑蔓：定苗浇水后随即插架，并结合绑蔓进行整枝，夏秋栽培的品种多有侧蔓，基部侧蔓不留，中上部侧蔓可酌情多留几叶摘心。

176 夏秋季露地黄瓜病虫害发生有什么特点？怎样防治？

夏秋黄瓜的病虫危害一般比较严重，病虫防治是夏秋黄瓜丰产的关键。虫害防治主要有蚜虫、黄守瓜和瓜绢螟 3 种。蚜虫从苗期到采收期危害都很大，可用 50% 抗蚜威、25% 溴氰菊酯 3000 倍液等防治。黄守瓜成虫危害子叶、嫩叶和花，危害部位呈一个个圆卷圈，黄瓜五叶期前危害比较严重，可用敌百虫可溶性粉剂 1000 倍液或辛硫磷乳油 2500 倍液。

病害主要有霜霉病、病毒病、枯萎病 3 种。防治霜霉病可用克露、安克锰锌、霜霉威、雷多咪尔、普力克、疫霜灵和甲霜灵等。防治病毒病要在防治蚜虫的基础上，用病毒剂在苗期喷雾，药物有病毒王、病毒 A、病毒灵等。防治枯萎病可在播种前 2～3 天，穴施西瓜重茬剂。有关病虫害的具体方法参见本书有关内容。

177 夏秋季黄瓜起霜是什么原因？怎样预防？

夏秋季露地黄瓜有时果实没有光泽，表面产生一层白粉状的霜，这是一种生理性病害。黄瓜果实起霜主要是植株养分供应不足引起，如园地翻耕太浅，土层太薄；生长后期起霜植株衰老，根系吸收力下降；连作地块，营养不良；连续阴天，日照不足。

防止黄瓜起霜，栽培上要深翻土地，生长后期还应注意施肥。施肥中应氮、磷、钾配合施用，并注意合理轮作。生长后期也要防治病虫害，避免植株早衰。保护地加强放风降温，防止夜温过高，降低呼吸作用强度。注意及时清洁大棚薄膜，增加透光量。

特别提示

夏秋季露地黄瓜，病虫害发生严重，生产要注意防治。

178 水果型黄瓜有机栽培怎样准备温室?

用于栽培水果型黄瓜的日光温室，为保证能充分采光，应坐北朝南，在晨雾大、气温低以及早晨有遮荫的地区，日光温室的方位可适当偏西，以便更多地利用下午的强光。温室类型一般采用砖钢水泥结构，后墙可以采用中空结构。温室的长度一般为60～80米。采用防老化流滴聚乙烯棚膜，禁止使用聚氯乙烯和聚苯乙烯类型的棚膜。

为减少生产初期的害虫基数，在温室风口和门口覆盖25目的防虫网，阻断害虫传播途径；同时在温室内悬挂40厘米×25厘米的捕虫黄板、蓝板，每亩挂18～20块，以诱杀斑潜蝇、白粉虱、蚜虫等害虫；为在高温季节降低温室温度和光照强度，要使用活动式遮阳网覆盖温室顶部，以遮光率60%的遮阳网效果好。

在育苗或定植前每亩可用100升食醋500倍液对地面、墙壁及塑料膜进行消毒，也可用硫磺粉每亩2千克进行温室熏蒸消毒。消毒后先深翻土地，每亩施腐熟有机肥3000～5000千克作底肥，与土掺匀，然后做成畦面宽40厘米、畦沟宽6厘米、高10厘米的小高畦，耙平畦面即可定植。

179 水果型黄瓜有机栽培怎样培育壮苗?

壮苗的标准是植株生长健壮，二至三叶一心，茎秆粗壮，株高8～10厘米，胚轴短，苗龄30天左右。一般生产上采用嫁接苗。品种选用抗病抗逆性强，品质好、产量高的水果型黄瓜品种，如戴多星等。禁止选用转基因的品种和有包衣的种子。采用与黑籽南瓜嫁接栽培。

育苗场所育苗时应有专用温室，在条件不足时，可与常规育苗同室进行，但两者必须用塑料膜隔开。育苗钵和浸种催芽的用具最好专用，如不能专用则使用前必须清洗干净。为减少土传病害的发生，采用基质育苗，用草炭与蛭石按2∶1或3∶2的体积比过筛混匀。

播种前用56℃温水浸种20分钟，搅拌至30℃时，再浸泡6小时，捞出后准备催芽。如采用嫁接，砧木黑籽南瓜用50℃的温水浸种，搅拌至30℃后，静置12小时后催芽。在昼温28～30℃，夜温20～25℃条件下催芽，一般36～48小时可出芽。黑籽南瓜在24小时后露白时，适当降低温度，以免芽过长。每隔5～6小时挑出露白的种子，3～5℃贮存，以便集中播种。播种育嫁接苗时将黄瓜按株行距1.0～1.5厘米见方播于平底式育苗盘中，即每平方米播种120～150克。底水渗透后，每穴或钵内播1粒已发芽的种子，然后覆盖1.5～2.0厘米厚的基质，稍加镇压即可。黑籽南瓜应提前3～4天播种。

当黑籽南瓜幼苗第1片真叶直径1.5厘米，株高6～7厘米，茎粗0.6厘米，黄瓜幼苗子叶将展平，株高2～3厘米，茎粗1.5毫米时嫁接为宜。采用顶芽斜插嫁接法嫁接，嫁接过程中及时喷雾、覆膜扣小拱棚并遮荫。嫁接后1～3天应保证湿度达到100%，白天温度25℃，夜间18～20℃，不低于14℃，根据室内湿度大小，每天对黄瓜子叶喷雾1～2次，其中1次配合喷施77%可杀得(氢氧化铜)可湿性粉剂600倍液。此后按常规嫁接苗管理。

180 水果型黄瓜有机栽培在定植后怎样管理？

当温室内10厘米深土壤温度稳定通过15℃时即可定植，每亩栽2000～2500株。

定植后保持30~32℃的较高温度，少放风，保持室内相对湿度85%~90%，以促进缓苗。缓苗后降低温度，白天温度控制在24~26℃，夜间16~18℃，增加放风，使空气相对湿度降到85%左右。开花期白天温度保持25~28℃，夜间18~20℃，较高的夜温可以使光合产物运转快，黄瓜瓜条顺直，生长迅速，室内湿度小不易发病。

定植时水要浇足，定植后2~3天再浇水，然后蹲苗，开花坐果前尽量不再浇水，若天气干燥水分蒸发过多，可再中耕1次，或浇1次小水。此阶段的关键是促根壮秧，土壤中水分过多不利于根系发育。坐果后一般7~10天浇1次水，追肥则要遵循分期均衡原则，且要用通过认证的有机肥料或充分腐熟的农家肥，如膨化鸡粪等。坐果后结合第2次浇水进行追肥，膨化鸡粪可先用水沤泡几天，然后浇施。以后可按1次清水、1次肥水或2次清水、2次肥水进行管理。全生长期共追肥5~6次，每次每亩追施膨化鸡粪100千克。浇水还应视天气而定，避免阴、雨天浇水。

定植后7~10天，植株长到25厘米高时开始吊蔓，以后及时缠蔓，同时去掉卷须。植株生长中期，打掉下部老黄叶，然后落蔓，将无叶片的蔓放在畦面上，上部蔓与吊绳绕好，每次落蔓40厘米，使植株高度保持在160~170厘米，并使整行植株向同一侧倾斜，避免每株垂直落蔓。水果型黄瓜结瓜早，为促使植株迅速生长，一般将下部2~3朵雌花摘除，从第6片叶开始留瓜。

181 水果型黄瓜有机栽培怎样防治病虫害?

有机栽培提倡释放天敌昆虫、机械诱捕、灯光诱杀等方法防治害虫，禁止使用化学合成的杀菌剂和杀虫剂，禁止使用阿维菌素及其复配制品，可以有限制地使用波尔多液、硫磺、石硫合剂及微生物杀虫剂，允许使用醋、植物源杀虫剂。必要时可用77%可杀得可湿性粉剂防治霜霉病、炭疽病、角斑病等。白粉病可通过及时摘除病叶来控制病害的发展，在发病初期喷洒武夷霉素来防治。预防霜霉病可采用降低温室空气湿度和喷洒尿－糖溶液的方法，提高植株抗病性。

白粉虱、蚜虫的防治可在通风口加防虫网，同时每亩挂 40 厘米 ×25 厘米黄色捕虫板 18 ~20 块进行诱杀，后期注意更换捕虫板以提高捕虫效果。虫害发生严重时可喷洒苦参碱或云菊等允许使用的植物源杀虫剂 1 ~2 次，间隔 7 ~10 天。

182 水果型黄瓜在何时采收？（视频 22）

当黄瓜长 13 厘米、直径 2 ~3 厘米，花已枯黄时，要及时采收，防止坠秧。同时还要及时疏去多余的幼瓜，防止出现畸形瓜和植株花打顶。

183 夏季大棚种植水果型黄瓜怎样播种育苗？

夏季水果型黄瓜的壮苗标准为株高 15 ~17 厘米，茎粗 0. 5 厘米左右，真叶日历苗龄 12 ~17 天。

采用 8 厘米 ×8 厘米塑料营养钵育苗。苗床宽 1. 5 米，深 10 厘米，长度根据育苗数量多少而定，床底削平后踏实备用。夏季大棚栽培的播种期一般在 6 月中下旬。过早播种，采收时正遇春季黄瓜采收末期，市场价格较低。采收期一般 8 月初至 9 月上中旬。如选用碧玉黄瓜每亩用种量 80 ~100 克。

播种前先把种子放在太阳下晒 1 天，用 2 倍于种子体积的 50 ~60℃热水浸种，不断搅拌种子至水温 30℃时继续浸种 4 ~6 小时，捞出沥干水后，用湿棉纱布包好放入 28 ~30℃的环境中保湿催芽，24 ~36 小时种子开始发芽，有 85% 发芽时即可播种。

用菜园土 6 份、完全腐熟的有机肥 3 份、砻糠灰 1 份，充分拌匀后过筛，装入营养钵内整齐摆放在苗床内备用。播种前用水把营养钵浇湿浇透，用手在营养钵上压 1 个约 1 厘米深的小洞，把发好芽的种子平放在小洞内，用细营养土盖平洞口。用银灰色地膜盖苗床保持水分，搭小环棚，10:00~16:00用遮阳网覆盖苗床，大约有80%的种子顶破土时揭掉银灰色地膜，齐苗后12:00~15:00覆盖遮阳网。

184 夏季大棚种植水果型黄瓜怎样进行田间管理？

每亩施腐熟有机肥3000~4000千克、三元复合肥80千克，深翻两遍后筑畦，畦宽1.0米，沟宽45厘米，沟深35厘米，畦面平铺银灰色地膜，大棚上部拉设遮阳网。

每畦定植两行，株距30厘米×55厘米，定植最好安排在下午3时以后进行，先打洞，后放苗，浇足定植水后用土把苗周围地膜口封严。定植后4~5天，全天覆盖遮阳网，以后根据苗情，覆盖面积由大到小，时间由短到长，逐渐拉掉遮阳网。缓苗后，及时浇缓苗水，一般在根瓜采收前不施肥。以后浇2次清水，1次肥水，每亩每次施尿素10~15千克。及时整枝疏果，抹去侧枝及基部5节以下的雌花，摘除畸形瓜。当植株长到大棚顶部时要摘心打顶，促生回头瓜。顶部可保留2~3条侧枝，任其生长。

185 夏季大棚种植水果型黄瓜怎样防治病虫害？

水果型黄瓜主要病害有病毒病、白粉病、霜霉病、枯萎病等。枯萎病一般在苗期和采瓜始期发生，可用根枯宁1000倍液或70%甲基托布津800倍液灌2次；白粉病用20%三唑铜乳油1500倍液防治；病毒病用毒克星可湿性粉剂500倍液防治；霜霉病用72%克露可湿性粉剂600倍液或75%百菌清可湿性粉剂600倍液防治。主要虫害有蚜虫、潜叶蝇、瓜绢螟、夜蛾类等，蚜虫用10%吡虫啉可湿性粉剂1500倍液防治，潜叶蝇用75%潜克可湿性粉剂2000倍液防治，瓜绢螟用5%锐劲特悬浮剂1000倍液防治，夜蛾类用10%除尽悬浮剂1000倍液防治。

特别提示

黄瓜凉拌食用清香爽口，许多市民把新鲜嫩黄瓜当水果，夏季正值生食黄瓜的最好季节。瓜长 15 ~ 18 厘米，单瓜重 150 ~ 200 克即可采收，采收时用剪刀沿果柄处剪下。夏季大棚水果型黄瓜栽培一般亩产 2500 ~ 3000 千克，由于售价较高，亩产值可达 8000 ~ 10 000 元，是一个相当好的栽培品种。

8

黄瓜病虫害的防治

黄瓜病虫种类多，危害重，化学农药使用量大。在黄瓜生产中，主要病害有猝倒病、立枯病、霜霉病、白粉病、枯萎病、早疫病、灰霉病、叶霉病、角斑病、炭疽病，主要虫害有蚜虫、瓜绢螟、黄守瓜、美洲斑潜蝇、温室白粉虱、红蜘蛛等。

目前在防治上存在问题较多，主要表现在不能对症用药、过分强调防治效果、任意加大农药使用量，重治轻防。化学农药以其用量少，见效快，其它防治措施无法替代。依据目前我国科学技术发展水平，至少在今后几十年内，化学农药仍将是设施蔬菜病虫防治的主要措施。今后应科学使用化学农药，使化学防治与选用抗病品种、提高黄瓜植株的矿质营养水平、生态调控、黄瓜套袋等病虫防治措施有机协调，达到既能有效控制病虫危害，又能解决化学农药对黄瓜及生态环境的污染，实现绿色食品黄瓜生产的目标。

186 黄瓜生产中可以采取哪些农业措施防治病害?

首先选用抗病和耐病品种，是防止病害大发生的最经济有效的方法。如较抗霜霉病、白粉病和枯萎病的品种有津春 3 号、鲁黄瓜 10 号、绿衣天使、山农 5 号等。用黑籽南瓜作砧木，抗霜霉病、白粉病等病害的品种作接穗进行嫁接，可有效地防止枯萎病，促使早熟高产。

黄瓜连作会在土壤中积累大量的病原菌，使土传性病害发生严重，瓜类作物连作就会引起枯萎病、霜霉病、黑星病、灰霉病等发生严重，采取黄瓜与非瓜类蔬菜轮作2～3年，发病就较轻。收获后清除残枝败叶，施基肥后深翻土壤30厘米，以减少菌源。发现霜霉病、疫病、灰霉病以及炭疽病、白粉病等病叶、病瓜和枯黄底叶，应及时摘除，携出室外深埋。

应用微滴灌或膜下暗灌技术，保护地采用消雾型无滴膜，加强棚室内温湿度调控，适时通风，适当控制浇水，浇水后及时排湿，尽量控制叶面不结露，或结露时间短，以控制叶部病害发生。

温室大棚黄瓜要求叶面不结露或结露时间不超过2小时。上午日出后使棚温控制在25～30℃，最高不超过35℃，湿度应为75%左右。中午、下午放风，温度降至20～25℃，湿度降到70%～80%关通风口，下半夜最低温度可降至12～15℃，如气温达到13℃以上可整夜通风，以降低棚内湿度。浇水应在晴天上午进行，浇后闭棚，使温度升至35～40℃，闷1小时后缓慢放风。遇连阴雨或发生霜霉病、角斑病，应控制浇水。

187 什么是物理防治？黄瓜生产上常采取哪些物理措施防治病虫？（视频23）

物理防治是可通过病虫对温度、湿度或光谱、颜色、声音等的反应能力，用调控办法来控制病害发生，杀死、驱避或隔离害虫。物理防治具有环境污染小、无残留、不产生抗性等特点，顺应了有机农业生产的需求，因而采用物理方法防治农作物病虫害是一种较理想的无公害防治方法。

物理防治主要的方法有以下几种。一是利用害虫的趋光性进行光电诱杀成虫，能减少农药的使用，目前在农业害虫防治中应用较为广泛的有黑光灯、高压汞灯和频振式杀虫灯等。二是利用超出病虫害等有机体所能忍受的极端温度，控制病虫草，是物理防治的重要方法之一。如利用高温进行土壤消毒，灭杀病原物等。三是采取物理阻隔是设置人为障碍，阻止病害虫的扩散蔓延。物理防治还有一些其他方法，如电磁辐射、气调杀虫法、低温冷藏法、湿度处理法、土壤消毒、扣紫外线阻断膜、遮阳网、喷高脂膜等。

例如在生产上，利用高温灭菌的方法处理 1～2 次，可控制霜霉病的发展。选择晴天密闭大棚，使棚内温度上升到 44～45℃，连续维持 1 小时，处理后及时缓慢降温及加强管理，处理前土壤要求潮湿，必要时可在前 1 天灌一次水，处理后，应及时追肥灌水。在夏季高温季节，深翻土地 15 厘米以上，然后覆盖地膜，持续 10～15 天进行土壤灭菌消毒。还可以用防虫网或遮阳网覆盖育苗，以防蚜虫、白粉虱，预防病毒病。

188 棚室黄瓜常见的药害有哪些？药害主要是什么原因引起的？

棚室黄瓜发病较重，如果长期使用一种药剂，或随意混配药剂，频繁进行高浓度喷药，容易引起药害，特别春季大棚中更是常见。

药害主要有以下几种。①植株枯萎，大多整株表现症状为无发病中心，发生过程缓慢，先黄化后死苗，输导组织无褪变。②叶片异常，表现为叶片褪绿，逐渐变为黄白色，并伴有各色枯斑，边缘枯焦，组织穿孔，皱缩卷曲，叶片增厚僵硬，提早脱落。③结瓜畸形，表现为雌花过多分布于植株上部，一节多瓜，或顶部花器坏死；或瓜条粗细不匀，瓜条变短。

引起药害的原因主要有以下几种：

一是配制农药时，浓度过大，会影响植株正常生理活动，甚至造成损伤。如喷施乙烯利可以促生雌花，但配制浓度过大或喷量过多时，会引起子叶和真叶叶缘褐绿黄化，再生新叶叶缘缺刻浅，近圆形，当药害严重时子叶或喷药时已长出的真叶干边并呈褪绿白化条斑，缺刻变少，叶缘紧收向背面呈降落伞状，生长受到严重抑制。

二是黄瓜过敏的农药，如在徒长植株上使用防落素、坐果灵时，会造成上部叶片明显缩小发皱；多次喷雾普力克，叶片会急剧老化，功能下降，减产显著。

三是不按规定喷药。如在高温下喷施硫酸铜胶悬液，会造成植株顶部花器死亡，叶缘黄化，在高温时喷施高浓度代森锰锌溶液或喷后遇到高温，受害叶片一般表现皱缩僵硬、叶色黑绿。在低温下连续使用代森锰锌，极易造成锰过剩症。叶脉网状褐变。

随意复配农药、药液稀释不匀或喷雾点过大都会引起黄瓜的药害。

另外，在使用烟雾剂防治大棚病害时，如放置不当，也会造成药害。如将烟雾剂放在行间点燃，则多会在紧挨着的植株叶片上见到叶片变白、枯干。

189 烟剂农药有哪些特点？可以防治哪些病虫害？

烟剂又称烟熏剂、烟雾剂，是蔬菜产区普遍推广使用的一种农药剂型。主要用于大棚、温室内。

烟剂特点 使用烟剂不需要水源和专门器械，方法简单，携带方便，省工省时，很适合封闭的小环境，如温室、大棚、仓库等应用。点燃烟剂后离开棚室，关闭门窗，烟雾弥漫于空间，农药微粒缓慢均匀地沉降到植株、架材等表面，渗入到土壤孔隙中，因此农药的有效成分分布要比常规喷雾均匀，防治更彻底。烟剂多在傍晚使用，夜间发挥作用，不影响农事操作。

烟剂品种 常用的烟剂主要有百菌清烟剂、百菌清发烟弹、灰霉清烟剂、一熏灵烟剂、速克灵烟剂、克菌灵烟剂、扑海因烟剂、杀毒矾烟剂、霜疫净烟剂、黑星宁烟剂、噻菌灵烟剂等，每种烟剂又可制成不同有效成分含量的制剂品种，供生产上选择使用，防治不同类型的病害。另外还有敌敌畏烟剂，用于防治某些害虫。

防治范围 烟剂一般只用于棚室蔬菜上部分常见病虫害的防治，如霜霉病、早疫病、晚疫病、疫病、灰霉病、立枯病、猝倒病、炭疽病、菌核病、黑星病，以及蚜虫和温室白粉虱等。

190 棚室中如何施放烟剂农药?（视频 24）

烟剂农药的作用原理是有效成分以烟雾为载体，通过弥漫、渗透而达到作用目标，而烟雾具有很强的飘移和扩散性，因此烟剂的使用要求严格的密闭环境，棚室薄膜不能破损有孔洞，门窗关闭要严密，否则会影响防治效果。

施药时间 烟剂微粒在植株表面的附着量影响防治效果。晴天中午太阳光直射时，植株表面较干燥，表层温度与烟剂微粒相同，烟雾不易沉积。因此，施放烟剂最好选在傍晚日落后进行，此时植株表面湿润，易于微粒粘附，而且又不占用农时。另外，阴雨天、下雪天可照常使用，不影响效果。

施药方法 根据用药面积和空间，确定好施用量，多点布放，布点要均匀，并用铁丝、砖块、石块等做支架，将烟剂支离地面20～50厘米高处，燃放时应从棚室由内而外按顺序点燃，注意吹灭明火，使其正常发烟。点完后立即密闭棚室门窗，次日早晨充分通气后方可进行农事操作。在阴雨天的白天施药后迅速密闭4～6小时后才可放风作业。

施药剂量 根据棚室内空间大小、病虫害发生程度、烟剂的有效成分含量等因素确定施用量。一般情况下每立方米一次用量0.3～0.4克，折合每亩棚室用烟剂300～400克。防治病害应在发病初期开始使用，一般每隔7～10天一次，连续2～3次。病虫害发生严重或棚室密封性较差时，可适当增加用药或缩短施药间隔期。如防治霜霉病、疫病，可选用45%百菌清烟剂或15%克菌灵烟剂；防治黄瓜白粉病可选用15%克菌灵烟剂；防治菌核病可选用10%速克灵烟剂或15%克菌灵烟剂；防治黄瓜灰霉病，可选用15%腐霉利烟剂或45%百菌清烟剂。防治蚜虫、潜叶蝇、温室白粉虱等，可选用22%敌敌畏烟剂。为了提高防治效果，提倡烟剂与粉尘法、喷雾法交替使用。

191 黄瓜为什么会有苦味？如何防止？

黄瓜的苦味是由于黄瓜的植株含有一种叫苦味素C的物质。苦味素C在同一果实的不同部位其含量不同，一般近果梗部分的苦味浓，而果顶端部分苦味淡或无苦味。黄瓜品种、生长条件、植株营养状况、生活力的强弱等均影响黄瓜苦味的发生。当氮素多、温度低、日照不足、营养不良以及植株衰弱多病时，苦味素C易于形成和积累。防止产生苦味瓜，生产上主要采取以下措施。

合理调控温度 当气温或地温低于13℃时，养分和水分吸收受到抑制，黄瓜易出现苦味；另外当棚温高于30℃，且持续时间长，黄瓜也会出现苦味。因此，在栽培上，尽量增加保护地设施的增温保温性能，调节好温度，避开苦味形成的温度界限。

合理浇水 浇水应做到少量多次，水温不可过低，应尽量采用膜下暗灌。定植后蹲苗不应过度，否则根瓜易苦。

科学施肥 防止氮肥施用过量，磷、钾肥不足。开花结果期要平衡施肥，氮、磷、钾比例为5∶2∶6。在苗期、始花期、幼瓜期各喷一次稀土微肥，可提高植株抗病能力，提高含糖量；叶面喷施尿素液，不仅能增加黄瓜产量，还能改善黄瓜品质。

合理密植 定植过密，光照不足，光合作用减弱，干物质积累少，会导致黄瓜苦味加重。为此保护地黄瓜栽培应合理密植，改善通风透光条件，提高坐瓜率、产量和抗病能力，同时也减少苦味瓜的发生。

护根 农事操作时引起根系损伤，易加重黄瓜苦味。在移栽时要尽量少伤根，分苗应用营养钵或穴盘育苗，采用垄作地膜覆盖栽培，中耕锄地时要避免伤根。

192 黄瓜畸形瓜是怎样产生的？

正常生长的黄瓜结出的瓜条顺直，先端稍尖。但如黄瓜生长发育过程中，遇到营养不良，光照不足，管理不善等环境条件，特别是大棚反季栽培过程中，常因某些条件不能满足黄瓜的生长要求而出现瓜条畸形现象，从而影响黄瓜的商品价值和产量。只有找准产生的原因，及时采取措施，才能保证黄瓜的正常生长。

弯曲瓜 主要表现为瓜条中部向一侧弯曲。一是种植过密，田间郁闭，通风透光不良造成。二是土壤干旱，肥料不足，水分和养分缺乏造成。三是光照不足，温度过高过低造成。四是绑蔓不及时，正在伸长的瓜条受茎蔓、叶柄障碍，不能下垂伸长造成，应与生理原因区别。

大肚瓜 主要表现为瓜条中部到顶端部分膨大变粗。一是营养不良，特别是土壤中氮、钾、铁等元素不足时，植株长势弱，干物质积累少造成。二是雌花授粉不充分，受精种子迅速膨大造成。三是同一条瓜在膨大过程中，前期缺水，后期水分供应充足造成。

尖嘴瓜 主要表现为瓜条中部到顶端逐渐变细变尖。一是土壤干旱，盐类浓度过高，养分和水分吸收受阻造成。二是雌花未经授粉，近脐部无种子形成的单性结实造成。

细腰瓜 主要表现为瓜条中部较细，纵剖变细部位，果肉出现龟裂。一是高温干旱，水分供应不足，长势衰弱时极易产生。二是缺硼或对硼的吸收受阻造成。花粉发育不正常时也会造成细腰瓜。

瘦肩瓜 主要表现为瓜条基部变细变长，如瓶状。当夜温低，温差大，有机营养积累多时，易造成瘦肩瓜。特别是黄瓜摘心后更容易发生。

193 怎样防止黄瓜形成畸形瓜？（视频25）

预防黄瓜瓜条畸形，一是根据黄瓜长势来预测，一般瓜秧长势弱的易出现畸形瓜。二是根据雌花开放状态进行预测。正常开放的黄瓜雌花应向下开放，当雌花向上开放时，易出现畸形瓜。黄瓜畸形的防治应以防为主，当产生畸形瓜时，根据各自的管理水平，正确分析存在的问题，找准产生畸形瓜的原因，调整管理措施。

合理密植 栽培密度应根据地力水平、品种特性确定，一般掌握在每亩栽3500～4000株，大小行种植，以利通风透光。

合理施肥 种植应以有机肥为主，增施含秸秆较多的腐熟有机肥。化肥施用要增施磷、钾肥，补施微肥，最好进行测土平衡施肥。

均衡浇水 根据黄瓜长势和土壤墒情合理用水，采用小水轻浇，隔沟循环，适时适量的灌水方法，促进根系发育，防止大水漫灌，避免黄瓜沤根。防止土壤过湿过干，保证水分均衡供应。

调控温度 黄瓜结瓜期白天应掌握在23～30℃，夜间掌握在13～15℃，防止温度过高过低，特别是阴雨天，要注意保温，有条件的可增温增光。

叶面施肥 补充黄瓜植株营养，保证健壮生长。叶肥品种以磷钾及微量元素为主，一般10～15天喷施一次。

适当疏瓜 当植株细弱时应适当疏瓜，减少结瓜数量，一般3～5叶保留1个瓜，或将瓜全部摘除，待瓜秧恢复后，再留瓜生长。当雌花向上开放时，应将雌花摘除。

194 黄瓜为什么会化瓜？怎样预防棚室黄瓜化瓜？（视频26）

黄瓜化瓜是雌花未开花或开花后，子房不膨大，瓜条不再生长发育，逐渐变黄而萎缩。黄瓜化瓜发生十分普遍，尤其是日光温室栽培黄瓜，由于管理不当，化瓜现象十分严重，有时高达30%，直接影响黄瓜的产量和产值。

黄瓜化瓜的原因主要有以下几个方面：一是高温引起化瓜，白天温度高于32℃，夜间高于18℃，光合作用受阻，呼吸消耗骤增，造成营养不良，引起化瓜。二是密度过大，生长环境不良，引起化瓜。三是连续阴天低温，造成营养不良，引起化瓜。四是棚室内二氧化碳不足，不能满足黄瓜的需要。五是水肥供应不足，光合产物减少，可引起化瓜。六是高温、氮素肥料供应过剩、黄瓜徒长也易引起化瓜。七是采收不及时，瓜条吸收大量的同化产物，使上部的雌花养分供应不足。另外病虫害的影响也能引起化瓜。

了解上述引起化瓜的原因，在生产中针对化瓜的原因，改善栽培管理条件，便于工作，可以减少化瓜的发生。如因高温引起的化瓜，在栽培上应加强放风管理，白天当日光温室温度高达25℃时，就应开始通风，夜间温度不低于15℃的前提下，尽可能地延迟闭风时间。因密度过大引起的化瓜，应根据黄瓜品种确定合理的密度，每亩一般种植3000～3500株。因连续阴天低温引起的化瓜，采取叶面喷肥，适当放风。因二氧化碳浓度引起的化瓜，在日光温室中进行二氧化碳施肥。因水肥引起的化瓜，在栽培上要合理浇水施肥。因底部瓜不及时采收引起的化瓜，要及时采收。因病虫害引起的化瓜，在黄瓜生长期间，应搞好病虫害的防治。

195 什么是黄瓜花打顶？为什么会发生花打顶？

黄瓜植株中下部茎叶正常，上部节间极度短缩，叶片变小，叶缘上卷，接近顶端部位或顶端部位产生数枚小蕾或开花、坐果，株高不再增加，这种症状称之为花打顶。花打顶属生理性病害，其发生程度与天气、设施条件及管理措施密切相关。

黄瓜花打顶多在低温条件下易发生，一般发生在3月下旬至4月下旬。植株生长初期及结果初期易发生，发生时植株高度多在0.3～1.3米。棚室栽培常在棚口、畦口、棚边及棚角处出现花打顶植株。

黄瓜花打顶是由于植株的顶端优势被抑制引起的。当遇到低温、土壤干旱、土壤湿度过大、土壤黏重或板结、蚜虫聚积顶部嫩叶危害、根部机械损伤或发生严重根结线虫病等，会引起花打顶。

196 怎样预防和解除黄瓜花打顶?

预防黄瓜花打顶，首要措施是栽培条件要满足黄瓜的生长发育需要。如进行早熟栽培，但如设施条件较差，则不要过于早栽，以避免阶段性低温寡照的不良影响。温室大棚可套中棚、小棚及铺地膜。温室用厚草帘，大棚四周围草帘，门口棚口挂包裹的草帘或棉帘。温室二门的内侧、棚口内侧，设置60～80厘米高的薄膜或草帘遮挡，以防扫地寒风伤苗。定植后管理适时中耕，疏松土壤，提高地温。早期浇水勿漫灌，个别或部分植株缺水，应选晴天点浇补水。蹲苗勿过久，控水要适当。

解除花打顶的实质是恢复黄瓜的顶端优势。在花打顶形成前，如果植株上部节间有明显不同于往常的短缩表现，叶片、生长点及卷须的生长不舒展，呈缩头缩脑状有滞育趋向。对此类植株，首先摘去顶端以下20～25厘米茎上的所有花蕾、花果，并摘去植株其他部位所有果实，然后依其发生原因，及时采取相应措施。如是低温所致，可增温、保温防寒；如是土壤紧实、干旱缺水所致，可松土、单株补水；如果是低温与土壤湿度过大所致，除增温保温外，可撒施干燥草木灰吸湿，并趁有利天气中耕散墒，促进植株生长。在采取以上措施的同时，还可配合化学方法。喷施植物激素：20～40 毫克/千克“920”溶液 1～2 次；喷施氮素化肥：0.3%～0.5%尿素溶液 1～2 次；喷施多元素营养类液肥稀释液 1～2 次。喷施时，可以单独喷施。混合液配制宜淡不宜浓，着重喷布植株中上部位及顶部。

197 黄瓜生长点逐渐变小至最终消失是什么原因?

这是一种生理性病害，称温室黄瓜生长点消失症，主要发生在日光温室内，一旦发生该病害，恢复时间比较长，对产量影响比较大，引起较大的经济损失。

这种的典型症状是黄瓜生长点逐渐变小至最终消失，常伴有“泡泡叶”发生，叶片往往较正常叶片大而肥厚，随着黄瓜叶片叶位的升高，叶片变大，叶色深绿，叶间距明显短缩，植株长势旺盛，茎蔓变粗或变化不明显，至少不变细，有的茎蔓呈扁平状，瓜条生长速度比较快且粗而大，瓜条色泽深绿。发生于 3～4 月份，主要是由于温度管理不合理，影响营养物质的运输而导致。

预防这种病的发生，一是选用耐低温品种，二是科学调控温湿度。采用温室黄瓜四段变温管理，上半天棚室温度保持 25～30℃，空气相对湿度 30%～70%；下半天温度 25～30℃，湿度 65%～90%；前半夜温度 20～15℃，湿度 90%～95%；后半夜温度 15～10℃，湿度 95%～100%。尤其是前半夜温度不能低于 15℃，以利于营养物质的运输，使黄瓜生长点得到足够的营养。通过加盖防寒膜、科学通风换气等措施调控棚室内的温湿度，既能满足黄瓜正常生长发育的需求，又能有效地控制黄瓜生长点消失症等病害的发生。三是通过低温炼苗、培育壮苗、增施有机肥及钾肥、补施微肥、适时适度中耕提高棚室土壤温度等栽培管理措施，提高其抗逆性，促使黄瓜健壮生长。

棚室中发生了这种病，要提高棚室夜间温度尤其是前半夜的温度，将温度调控在18℃以上，缩小昼夜温差，促进营养生长，抑制生殖生长，促发生长点。同时适时适度灌水，使棚室土壤湿度达90%以上，保证黄瓜不缺水。增施速效肥，每亩施尿素10～15千克，每隔10天施一次。叶面喷施赤霉素等调节剂，加速生长点恢复的速度。

198 棚室栽培黄瓜的茎蔓上常出现流胶，并且引起死秧是咋回事?

在黄瓜生产中，尤其是保护地栽培，黄瓜植株发病后常见流胶的现象。黄瓜茎蔓流胶后，其上方逐渐萎蔫直至死亡；瓜条流胶后，其商品性差，甚至出现畸形或软腐而无食用价值。轻者减产20%～30%，重者绝产，严重影响瓜农的经济效益。流胶是黄瓜叶片的光合产物，是黄瓜生长所必需的营养物质。植株发病后，韧皮部的输导组织被切断，导致光合产物溢出而产生流胶。黄瓜流胶主要由黄瓜黑星病、黄瓜疫病和黄瓜蔓枯病引起。

这3种病害的病菌可以通过种子传播，因此用55℃温水浸种15分钟后催芽播种，或用40%甲醛100倍液浸种30分钟，洗净晾干后播种。黑星病发现病株后及时深埋或烧毁，同时喷70%甲基托布津可湿性粉剂800倍液或50%多菌灵可湿性粉剂500倍液与50%甲霜灵可湿性粉剂800倍混合液防治；疫病喷75%百菌清可湿性粉剂或58%甲霜灵锰锌可湿性粉剂500倍液防治，发现中心病株及时处理病叶、病株；蔓枯病喷10%世高或50%百菌清或70%甲基托布津可湿性粉剂500倍液防治，茎蔓染病用上述任一种药的50倍米汤药糊涂抹患处效果更好。其他方法可以参见本书相关内容。

199 黄瓜病毒病有什么特点？如何防治？（视频27）

黄瓜病毒病也称为黄瓜花叶病，是黄瓜的重要病害，对产量和质量有明显的影响。夏秋季发病较重。

黄瓜病毒病的症状表现为叶脉透明，叶片出现黄绿相间的花叶，叶面常皱缩畸形；有的病叶粗糙呈革质，绒毛脱落；有的叶基变长，侧翼变狭变薄，呈现绷紧状态，叶尖细长，呈"鼠尾状"；有的病叶叶缘向上卷曲。有时叶脉出现深褐色坏死，或沿叶脉出现闪电状坏死。早期受侵染的植株强烈矮化，高度不及健株的1/2，根系发育不良。

黄瓜病毒病与蚜虫的发生有很大关系，蚜虫是主要的传毒昆虫。病毒还可以通过手、刀子、衣物及病健互相摩擦来传播。田间或棚室高温发病重。温度高、日照强、干旱的气候条件，缺水、缺肥、棚室中间杂草丛生，以及附近有番茄、辣椒等茄科作物和甘蓝、芥菜、萝卜、菠菜、芹菜等作物，都会加重病害的发生。

在防治上，要选用耐病品种，培育壮苗，适期定植，配方施肥，拔除病株，采种要注意清洁，防止种子带毒。打杈、绑蔓、授粉、采收等农事操作注意减少植株碰撞，中耕时减少伤根，浇水要适时适量，防止土壤过干。播种前种子经70℃处理72小时，可杀死毒源。或用10%磷酸三钠浸种20分钟后，用清水冲洗2～3次后晾干备用或催芽播种。

药剂防治重点是杀灭蚜虫，另外在发病初期喷5%菌毒清可湿性粉剂300倍液，或3%三氮唑核苷水剂500倍液，或0.5%抗毒剂1号水剂250～300倍液，或20%毒克星可湿性粉剂500倍液，或20%康润1号可湿性粉剂500倍液，或20%病毒丹可湿性粉剂500倍液等，有一定效果。

200 黄瓜青枯病有什么特点？如何防治？（视频27）

黄瓜青枯病又称细菌性枯萎病，棚室嫁接黄瓜发生普遍，这种病害对生产危害很大，发病严重时全棚植株死亡。

黄瓜青枯病在嫁接黄瓜上发病快，自根栽培的较慢，苗期、成株期均可发病，开花结瓜期发病严重。开始发病时基部茎蔓收缩变细，下部叶片光泽暗淡、萎蔫，中午明显。病情逐渐发展，收缩茎蔓向上扩展，叶片向上渐次萎蔫，似缺水状，3～5天后整株青枯死亡。低温高湿的环境，病害易发生。持续阴天，雨雪天气较多，造成棚内温度极低，光照少，通风换气不良，棚内湿度过大，大棚内极易发病。管理粗放、栽植过深、肥水过大，病害发生重，3～5天后整株青枯死亡。

防治上可以选用适宜的品种，与非瓜类蔬菜实行2年以上轮作。生长期和收获后清除病叶，及时深埋。雨天及时排水，浇水要少浇勤浇，防止大水漫灌。增施有机肥，减少化肥施用量。在开花结果盛期增施钾肥，可以在叶面喷施0.2%磷酸二氢钾等，以提高植株抗病能力。

在播种前，种子放在70℃的恒温干热条件下，灭菌72小时。或者用50℃温水浸种20分钟。用次氯酸钙300倍液浸种30～60分钟，或用40%福尔马林150倍液浸1.5小时，或用100万单位硫酸链霉素500倍液浸种2小时，然后冲洗干净，催芽播种。发病初期，及时用60%琥·乙膦铝500倍液，或72%农用链霉素可湿性粉剂4000倍液灌根，每株用150～200毫升。每隔10天灌根一次，连续灌根2～3次。

201 黄瓜细菌性角斑病有什么特点？如何防治？（视频27）

黄瓜细菌性角斑病主要发生在棚室，是黄瓜生产上的主要病害。

叶片发病时先是叶片上出现水渍状的小病斑，病斑扩大后因受叶脉限制而呈多角形，黄褐色，带油光，叶背面无黑霉层，后期病斑中央组织干枯脱落形成穿孔。果实和茎上病斑初期呈水浸状，湿度大时可见乳白色菌脓。大棚高湿有利于发病。另外，低洼地、重茬地发病也重。昼夜温差大，结露重且持续时间长，发病重。苗期至成株期均可受害。

防治上，选用抗病品种，施足基肥，生长期及收获后清除病叶，及时深埋。与非瓜类作物实行 2 年以上轮作。大棚内覆盖地膜，有条件的使用滴灌，深沟高畦栽培，降低田间湿度，及时调节棚内温湿度。浇水一定要在晴天上午进行，浇水后及时放风排湿，阴雨天不浇水。当外界夜温达到 15℃以上时，昼夜放风。大棚撤膜前，一定要炼苗 1 周左右，让黄瓜逐渐适应外部环境。

播种前用 70℃恒温干热灭菌 72 小时；或 50℃温水浸种 20 分钟，捞出晾干后催芽。种子可以用次氯酸钙 300 倍液浸种 30～60 分钟，40% 福尔马林 150 倍液浸 1.5 小时，100 万单位硫酸链霉素 500 倍液浸种 2 小时，冲洗干净后催芽播种。

发病初期每亩每次用 72% 霜脲氰·代森锰锌可湿性粉剂133～166 克，加水 100 千克，稀释成 600～750 倍液，叶面喷雾，每隔 7 天喷一次药，共喷 4～6 次。棚室中每亩每次喷撒 10% 乙滴粉尘剂或 5% 百菌清或 10% 脂铜粉尘剂 1 千克。

202 黄瓜细菌性缘枯病有什么特点？如何防治？（视频 27）

发病时，先在叶缘水孔附近产生水渍状小斑点，扩大后为淡褐色不规则形斑，周围有晕圈，严重时产生大型水渍状病斑，由叶缘向叶中间扩展，呈楔形。叶柄、茎、卷须上的病斑呈褐色水渍状。果实多由果柄处侵染，形成病斑，黄化凋萎，脱水后僵硬，空气湿度大时，病部溢出菌脓。

防治上，选无病瓜留种，用无菌土育苗，并与非瓜类作物实行2年以上轮作。加强田间管理，生长期及收获后清除病残组织。种子用55℃温水浸种15分钟。

203 黄瓜细菌性圆斑病有什么特点？如何防治？（视频27）

黄瓜细菌性圆斑病发生在叶片上，也危害幼茎或叶柄。发病的幼叶基本看不出症状，只有在长成的叶片上出现黄化区，在叶的背出现水渍状小斑点，渐扩展为圆形或近圆形病斑，黄色至褐黄色，很薄，中间半透明，病部四周有黄色晕圈，菌脓不明显。幼茎发病时会出现开裂。果实上的病斑为圆形灰色斑点，有黄色干菌脓，似痂斑。当棚室中湿度大，温度高，叶面结露，叶缘吐水，利于病菌侵入和病害蔓延。

防治方法可以参见黄瓜细菌性枯萎病。

204 黄瓜根结线虫病有什么特点？如何防治？（视频27）

黄瓜根结线虫病是一种毁灭性病害。发病的黄瓜须根和侧根形成串珠状瘤状物，整个根肿大，粗糙。瘤状物初为白色，表面光滑较坚实，后期根结变成淡褐色腐烂。剖开瘤状物，可见里面有半透明白色针头大小的颗粒。由于根系被破坏，影响了植株正常的吸收机能，可以看到植株地上部生长发育受阻，植株比较矮小，结瓜小而且少。高温干旱时，地上部植株呈萎蔫状态，植株逐渐枯死。

在早春期间，大棚中容易形成有利于线虫发生的温度和湿度条件，所以棚室中在5月上旬容易造成线虫大发生，尤其是在沙性土壤的大棚中，更易暴发成灾。

防治黄瓜根结线虫病是一项综合性的措施。在育苗时要选用无病土。生长期间，发现重病株要及时拔除，集中销毁。收获后要及时清除田间的病株、病根，带出田外集中销毁或深埋，不要随意丢弃在田间、地埂。深翻土壤24厘米以上，可将表土中的虫瓔翻入深层，发病重的田块要深翻土壤 50 厘米。可与大葱、韭菜、大蒜、辣椒等蔬菜轮作。施入的有机肥要充分腐熟，磷、钾肥要作为基肥施入，苗期要尽量少施氮肥，花蕾期要加大追肥。

黄瓜播种之前，用 10% 益舒丰颗粒剂或 3% 米乐尔颗粒剂对土壤进行处理，以开沟条施为最好，注意不能使黄瓜种子或根系直接接触药物。

205 黄瓜猝倒病有什么特点？如何防治？（视频 27）

黄瓜猝倒病是黄瓜苗期的主要病害，保护地育苗期最为常见，特别是在气温低、土壤湿度大时发病严重，可造成烂种、烂芽及幼苗猝倒。

发病时种子萌芽后至幼苗未出土前受害，造成烂种、烂芽。出土幼苗受害，茎基部呈现水渍状黄色病斑，后为黄褐色，缢缩呈线状，倒伏，病害发展很快，子叶尚未凋萎，幼苗即突然猝倒死亡。湿度大时在病部及其周围的土面长出一层白色棉絮状物。生长后期瓜条受害，瓜面出现水渍状大斑，严重时瓜腐烂，表面长出一层白色絮状物。

在低温、高湿，土壤中含有机质多，施用未腐熟的粪肥等均有利于发病。苗床通风不良，光照不足，湿度偏大，不利于幼苗根系的生长和发育，易诱导猝倒病发生。

防治上，选择地势高、地下水位低、排水良好的地块做苗床，选用无病的新土、塘土或稻田土，不用带菌的旧苗床土、菜园土或庭院土；播前灌足底水，出苗后尽量不浇水，必须浇水时选择晴天喷洒；采用快速育苗，避免低温、高湿的环境条件出现。果实发病重的地区，要采用高畦，防止雨后积水；黄瓜定植后，前期宜少浇水，多中耕，注意及时插架，以减轻发病。

播种前 15 天翻松床土，每平方米喷洒 40% 的福尔马林原液 30 毫升，加水 2 ~4 升，喷液后覆盖薄膜 4 ~5 天后揭开，耙松放气。幼苗发病初期及时喷72.2%普力克水剂400倍液，或64%杀毒矾可湿性粉剂500倍液，或70%敌克松800倍液，或25%瑞毒霉600~800倍液，或58%瑞毒锰锌600陪液。每隔7~10天喷一次。

206 黄瓜霜霉病有什么特点？如何防治？（视频27）

霜霉病是黄瓜最主要的病害。子叶发病时正面褪绿黄化，最后产生不规则的枯黄斑，在潮湿条件下子叶背面生产黑色霉层。叶片发病时先出现淡黄色或黄绿色小圆形斑，扩展后因受叶脉限制，病斑呈多角形，黄褐色或褐色。棚室内潮湿时叶背病部常产生浓密的黑色霉层。

高湿是发病的重要条件，叶面没有水滴或水膜，病原菌就不能萌发和侵入，病害就不会发生。日光温室大棚内通风不良，湿度过高，结露多，有利于病原的萌发、侵入，引起病害的发生流行。温度也是影响霜霉病发生流行的重要条件，以15~20℃最为适宜。当温度低于15℃或高于28℃，不利于病害的发生。地势低洼，土壤质地差，肥料不足，栽培过密，通风不良或浇水次数过多都能导致病害加重发生。

防治上，选用抗病良种，并用50~55℃水浸种10~15分钟。育苗要与生产地块分开，以免苗期感染。加温苗床育苗因夜间温度高、湿度低一般很少发病，苗期发现病株应立即拔除。栽苗时严格检查，防止带病苗进入栽培地。合理增施有机肥和磷钾肥，并采取叶面追肥，定期喷施0.1%尿素加0.3%磷酸二氢钾，以增强寄主抗病性。采用膜下沟灌，以降低棚内空气湿度。选用透光率高、无滴效果好的塑料膜。结瓜后及时打去底部老叶，增加田间通透性，减少病源。

早晨放风1小时，降低棚内湿度，然后闭棚使棚温迅速升高到28~32℃。中午或下午放风，使温度降至20~25℃；湿度降至

70%左右，叶片上没有水滴和水膜。在中午密闭大棚2小时，使植株上部温度达44~46℃，可杀死棚内的霜霉菌，每隔7天进行一次。晚上闭棚后，前半夜温度控制在15~20℃，湿度低于80%，利用低湿来抑制病害。后半夜湿度大于90%，温度控制在10~13℃，利用低温来抑制病害，减少养分消耗。

苗期和生长前期发现中心病株应及时用药。在保护地栽培条件下，尽量用烟剂熏蒸和粉尘法防治，每亩用45%百菌清烟剂250克，分别均匀放在垄沟内，然后将棚密闭，分别点燃烟熏。也可以用66.5%霜霉威盐酸盐水剂600~1000倍液，或40%霜霉威盐酸盐水剂400~700倍液，或72%霜脲氰·代森锰锌可湿性粉剂600~750倍液，或20%二氯异氰尿酸钠可溶性粉剂300~400倍液。每隔7天喷药一次，共喷3次药。在发病初期用27%高脂膜乳剂水溶液喷雾也有效。

207 黄瓜白粉病有什么特点？如何防治？（视频27）

白粉病是保护地黄瓜的重要病害，防治较难，易造成全棚感染，严重影响产量。

发病时病害先出现在下部叶片正面或背面，表现为白色小粉点，后扩大为粉状圆形斑。在条件适宜时，白色粉状斑点继续扩展，连接成片，成为边缘不明显的大片白粉区，直至布满整个叶片，看上去像长了一层白毛。其后叶片逐渐变黄、发脆，白毛由白色转变为灰白色，最后叶片失去光合作用功能。受害的叶柄和茎，症状与叶片基本相似。

在湿度较大，最适相对湿度为75%，气温达16~24℃时，病害易发生和流行。雨后干燥或少雨，但田间湿度大，白粉病流行的速度加快。在黄瓜生长中、后期发病严重，造成黄瓜的产量损失，甚至提前拉秧。

防治上，育苗时床土用50%多菌灵进行消毒，控制湿度在

60%以下，并保证有足够的光照和温差。挑选健壮的幼苗定植。浇水忌大水漫灌，可以采用膜下软管滴灌、管道暗浇、渗灌等灌溉技术。定植后，要尽量少浇水，以防止幼苗徒长。不要偏施氮肥，要注意增施磷、钾肥。有少量病株或病叶时，要及时摘除。

定植前，保护地内用硫磺粉或百菌清烟剂进行熏蒸消毒。发病初期，要及时喷30%氟菌唑可湿性粉剂3500～5000倍液，间隔10天后喷第2次药，共喷2次。喷27%高脂膜乳剂80～100倍液，不仅可防止病菌侵入，还可造成缺氧条件使白粉菌死亡，每隔5～6天喷1次，连续喷3～4次。

208 黄瓜红粉病有什么特点？如何防治？（视频27）

黄瓜红粉病是黄瓜新发生的病害，发病率已呈逐年上升趋势。

黄瓜红粉病发生在黄瓜生育的中、后期，一般当黄瓜长至15～20片真叶开始发病。发病时叶片圆形或不规则形的黄褐色病斑，病健部界限明显，大小2～50毫米，病斑处变薄，后期容易破裂。发病由下向上发展，下部叶片病斑大，呈椭圆形或不规则形，病斑边缘呈浅黄褐色，中部灰白色，易破裂；中部叶片病斑较小，病斑数量较多，病斑呈圆形或椭圆形，浅黄褐色；上部叶片病斑呈圆形，小且少。高湿时间长时，病斑部出现浅橙色霉状物。发生严重时，可造成叶片大量枯死，引起化瓜。

引起发病的病菌除通过土壤、农具传播，还可通过气流或灌溉传播，并可多次重复侵染。菌丝体通过皮孔或伤口侵入寄主体内，引起危害。高温有利于病原菌繁殖，在20～31℃条件下，菌丝可良好生长，较高或较低温度不利于菌丝生长。保护地内湿度较大、过分密植、光照不足有利于该病发生，多发生于2～4月。露地瓜类在多雨高温季节也可发生危害。

防治上，尽量与十字花科等蔬菜轮作。保护地应加强温湿度管理，适时通风换气，适当控水排湿。合理密植，及时清理病老株叶，增加株间的通透性。适时追肥，采取膜下暗沟灌水、施肥。植前空棚室用硫磺粉熏蒸消毒。发病的温室、大棚，收获后应集中烧毁病株。黄瓜种子用常温水浸泡 15 分钟后转入 55 ~ 60℃热水中浸泡 10 ~ 15 分钟，并不断搅拌，然后让水温降至 30℃，继续浸泡 3 ~ 4 小时，捞起沥干，25 ~ 28℃催芽，经 1 天半至 2 天，胚根初露即可播种。

发病初期及时用 70% 代森锰锌可湿性粉剂 600 倍液，或 50% 多菌灵可湿性粉剂 600 倍液，或 64% 杀毒矾可湿性粉剂 500 ~ 600 倍液，或 70% 甲基硫菌灵可湿性粉剂 500 ~ 600 倍液。隔 7 天喷一次，连喷 3 次。

209 黄瓜菌核病有什么特点？如何防治？（视频 27）

黄瓜菌核病主要发生在棚室中。引起黄瓜烂瓜、烂蔓，对产量影响很大。

主要在幼瓜和茎蔓上发病。幼瓜发病时，从瓜蒂部的残花或柱头上开始向上发病，先呈水浸状湿腐，高湿时密生棉絮状霉，后菌丝纠结成黑色菌核，粘附在病瓜部，瓜腐烂后或干燥后脱落土中。茎蔓发病时，初在近地面茎部或主侧枝分杈处，出现湿腐状病斑，高湿条件下，病部软腐，生棉絮状菌丝，病茎髓部腐烂中空或纵裂干枯，菌核粘附在病蔓上。此病的菌核一般附着在烂瓜、病蔓或烂叶等组织上，茎表皮纵裂，但木质部不腐败，因而不表现萎蔫，病部以上叶、蔓凋萎枯死。

在棚室中，温度低，湿度大，或多雨的早春或晚秋，有利于发病。连作田块，排水不良的低洼地或偏施氮肥田块，以及通风透光不良、地温低、湿度大时，发病重，传播快。

防治上，要彻底清园，深翻土壤收获后及时认真清除所有病残体，深耕畦土，将菌核埋入 30 厘米以下深处。在夏季采取高温闷棚。棚室上午以闷棚提温为主，下午及时放风排湿，发病后可适当提高夜温以减少结露，早春日均温控制在29℃高温，相对湿度低于65%，防止浇水过量。

棚室或露地出现子囊盘时，每亩每次用10%腐霉利烟剂或45%百菌清烟剂250克，熏1夜，每隔8～10天一次。在黄瓜盛花期和满架期用6.5%万霉灵粉剂各施一次药，共施2次，每次每亩1千克。盛花期喷50%腐霉利可湿性粉剂1500倍液，或50%农利灵可湿性粉剂1000倍液。隔8～9天喷一次，连续3～4次。

210 黄瓜灰霉病有什么特点？如何防治？（视频27）

灰霉病是黄瓜保护地栽培中危害日趋严重的一种病害，严重时植株下部腐烂，茎蔓折断，整株死亡。

发病时病菌多从开败的雌花侵入，引起花瓣腐烂，并长出灰褐色霉层，随着病情的发展，逐步向幼瓜扩展，被害花和幼瓜的蒂部初呈水渍状，褪色，病部逐渐变软、萎缩、腐烂，表面密生灰褐色霉状物，以后花瓣枯萎脱落。瓜条受害，组织先变黄并生有灰霉，随着病情的发展霉层逐渐变为淡灰色，被害瓜条停止生长，烂去瓜头，重病瓜条腐烂或脱落。叶片上发病一般是脱落的烂花、烂瓜或病卷须附着在茎上、叶片上，引起茎、叶片发病，叶部病斑初为水渍状，后为淡灰褐色。叶片上可明显见到由被害的花落在叶片上，后形成直径20～25毫米的大型病斑，近圆形或不规则形，病斑中间有时生有灰色霉层，边缘明显。茎上发病后常造成茎节腐烂，严重时瓜蔓腐烂折断，植株枯死，被害部位生有灰褐色霉状物。

黄瓜灰霉病在开花至结瓜期达到发病高峰期。温度18～23℃，相对湿度90%以上，连阴天多，光照不足，高湿，春季阴雨天气较多，气温偏低，较低温在20℃以下，棚内湿度大，结露时间长，放风不及时，是灰霉病发生蔓延的重要条件。

防治上，收获后彻底清除病残体；生长期间及时摘除病花、病叶、病果，集中深埋或烧毁。生长期间，及时清除棚面尘土，增强光照。注意保温，防止寒流侵袭。采用垄作地膜覆盖，膜下暗灌，防止湿度过高。生长前期及发病后，减少浇水，闭棚增温至33℃，控制病情蔓延。

发病前，用速克灵烟剂或百菌清烟剂熏棚。每隔5~6天熏一次。在始花末期或发病初期，开始喷药，药剂可选用65%甲硫·霉威可湿性粉剂600~1000倍液，20%菌核净水乳剂5000倍液，50%灰霉宁可湿性粉剂500~800倍液。每隔7~10天喷一次，连喷3~4次。棚室中每667平方米用10%速克灵烟剂200~250克，或45%百菌清烟剂250克，熏3~4小时。

211 黄瓜黑星病有什么特点？如何防治？

黄瓜黑星病发生普遍，特别是保护地栽培中发生严重，引起全株枯死，以致毁产。

幼苗发病时，真叶较子叶敏感，子叶上产生黄白色近圆形斑，薄而脆，容易破裂，病斑周围有时有黄色晕圈，后期不明显。后期病部中央脱落、穿孔，边缘呈星状开裂。生长点被害时，龙头变成黄白色，经2~3天烂掉形成秃桩，并流胶，湿度大时产生灰绿色或黑色霉状物。严重时近生长点多处受害，造成节间变短，茎及叶片畸形。

茎部及叶柄受害时，病斑沿茎沟扩展呈菱形或梭形，病斑褪绿色，间向下凹陷，有乳白色胶产生。后期病部为淡紫色至黑色，胶状物变成琥珀色，病部表面粗糙，严重时从病部折断，湿度大时产生烟黑色霉层。卷须受害，病部形成梭形病斑，黑灰色，卷须从病部烂掉。

幼瓜和成瓜发病时，起初病斑很小，胶状物只有一小滴，难于发现，以后病斑逐渐扩大，胶状物增加，堆集在病斑周围，容易发现。潮湿时在病斑表面长出一层灰黑色霉层。幼瓜受害时，因病斑处的组织生长受抑制而使瓜条生长失去平衡，变得粗细不匀，弯曲畸形，严重时瓜条腐烂。

该病害发生要求低温高湿条件，棚内最低温度为10℃，相对湿度从下午6时到次日10时均高于90%，棚顶及植株叶面结露，是该病发生和流行的重要条件。病菌主要从叶片、果实、茎蔓的表皮直接穿透，或从气孔和伤口侵入。潜育期随温度而异，一般棚室为3~6天，露地为9~10天。种植密度大，光照少，通风不良，保护地大灌水，重茬地，肥料少等情况下，发病重。

防治上，加强田间管理，升高棚室温度，及时放风降低田间湿度，减少结露时间，可以控制黑星病的发生。棚室内防止出现低温高湿状态，白天气温保持在28~32℃，相对湿度保持在60%，定植后至结瓜期控制浇水。收获后，彻底清除病残体，并深埋或烧毁。

播种前，可用55℃温水浸种15分钟，也可用50%多菌灵500倍液浸种20分钟，洗净后催芽。每平方米苗床土用50%多菌灵8克处理土壤后播种。保护地栽培，在定植前10天，每55立方米空间用硫磺粉0.13千克，锯末0.25千克混合后分放数处，点燃后密闭棚室熏1夜，杀死棚室中病菌。

发病初期每亩喷撒10%多百粉尘剂或5%防黑星粉尘剂1千克，或点燃45%百菌清烟剂200克，连续防治3~4次。也可用40%福星乳油7000倍液加20%三唑酮乳油2000倍液混合后喷施，或70%甲基托布津可湿性粉剂600倍液加20%三唑酮乳油2000倍液混合后喷施。用80%敌菌丹可湿性粉剂500倍液加50%多菌灵可湿性粉剂500倍液，隔6天喷一次，30%特富灵可湿性粉剂1500~2000倍液连喷2~3次。

212 黄瓜疫病有什么特点？如何防治？（视频27）

黄瓜疫病一般从苗床开始见病，多造成零星死苗或死秧，严重时个别苗床可引起大片死苗或死秧。移栽后病情逐渐加重，进入结瓜盛期，也进入发病高峰期，田间会连片死苗。

发病时幼苗发病多始于嫩尖，初呈暗绿色水浸状萎蔫，干枯呈秃尖状的无头苗，不倒伏。成株茎基部或嫩茎节部发病出现暗绿色水浸状斑，后变软，明显缢缩，病部以上叶片萎蔫或全株枯死；同株上往往有几处节部受害，维管束不变色。叶片发病出现小圆形或不规则形水浸状病斑，扩大呈圆形，暗绿色，边缘不明显，干燥时呈青白色，易破裂，潮湿时病叶腐烂，扩展到叶柄时叶片下垂。

发病适宜温度为28～30℃。在适宜温度内，土壤水分是发病的关键因素。多雨时，特别是旬降雨量超过100毫米以上，有大暴雨，病害蔓延快，危害重。连作地，地势低洼，排水不良，浇水过多的黏土地，施入带菌有机肥的地块，易发病。

防治上，实行3年以上的轮作。选用耐疫病品种。利用嫁接方法防病，黄瓜的最佳嫁接砧木瓜类是圆瓠瓜和黑籽南瓜。施入的有机肥要腐熟，增施磷肥和钾肥。高畦栽培，清沟沥水。苗期控制浇水，结瓜后做到见湿见干。但进入结瓜盛期要及时供给所需水量，严禁雨前浇水。发现中心病株，拔除深埋。

播种前用55℃恒温水浸种15分钟，捞出后立即放入冷水中冷却。或用40%甲醛100倍液浸种30分钟，洗净后播种。每平方米苗床用25%甲霜灵可湿性粉剂8克与适量土拌匀撒在苗床上；大棚栽培于定植前用25%甲霜灵可湿性粉剂750倍液喷淋地面。

发病前喷药，尤其雨季到来之前先喷一次预防；雨后发现中心病株及时拔除后，及时喷药，选用72%克露700倍液，或80%新万生可湿性粉剂800倍液，或69%安克锰锌可湿性粉剂1000倍液，或64%杀毒矾可湿性粉剂500倍液。每隔7～10天防治一次，病情严重时可缩短至5天，连续防治3～4次。

213 黄瓜枯萎病有什么特点？如何防治？（视频 27）

黄瓜枯萎病又称萎蔫病、死秧病，是一种典型系统性侵染的土传真菌病害，对黄瓜危害严重，发生普遍，毁灭性强。

发病时典型症状是萎蔫。幼苗期感病，茎基部变褐缢缩，严重时倒伏死亡；成株期发病，茎基部纵裂，潮湿时病部呈水浸状腐烂，并长出白色、粉红色霉状物，干缩后呈麻状。发病初期植株中午萎蔫，早、晚恢复正常，反复几日后整株死亡。

当土温在 24 ~ 28℃、土壤含水量大、空气相对湿度高，发病最快。土温低，潜育期长。秧苗老化，连作地，有机肥未腐熟，土壤过于干旱或排水不良，土壤偏酸，是发病的主要条件。

防治上，应与禾本科作物轮作。选用抗病品种是防治黄瓜枯萎病的有效措施。用圆瓠瓜、冬瓜、黑籽南瓜可以作为黄瓜嫁接的备选抗病性瓜类砧木。播种前，用55℃的温水浸种 10 分钟，或在 70℃的恒温处理 72 小时。育苗时，苗床土应进行硝化处理，或换上无菌新土，培育无病壮苗。施用充分腐熟肥料；结瓜后适当增加浇水次数和浇水量，切忌大水漫灌。夏季中午前后不要浇水；适当多中耕，提高土壤透气性，使根系茁壮，增强抗病力，但要减少伤口。

用30% 土菌消水剂加水稀释 600 ~ 800 倍液，在播种时喷淋一次，播种后 10 ~ 15 天再喷淋一次，移栽到大田后 2 次，在移栽时灌根一次，15 天后再灌根一次，每次每株灌药液 200 毫升。发现病株应立即拔掉烧毁，同时向病穴内注灌石灰乳或 200 倍的福尔马林溶液消毒，对病株附近的健康植株用 50% 代森锌 400 倍液，进行灌根保护。

214 黄瓜蔓枯病有什么特点？如何防治？（视频 27）

黄瓜蔓枯病又称蔓割病，各地均有发病，常造成 20% ~ 30%

的减产。

黄瓜蔓枯病以接近根颈处的茎节为中心发病，发病时根颈处呈浅褐色水浸状，组织软化后流胶，产生龟裂，后期病茎干枯，病斑纵裂成乱麻状，严重时整株凋零枯萎。叶片受害自叶缘向内发展成“V”形或近圆形褐色病斑，干燥时易破碎。瓜条感病产生黄色褪绿斑，随着病情发展，病斑凹陷褐色，瓜条畸形弯曲，有时溢出琥珀色流胶。蔓枯病的特点是所有病斑上均生有黑色小粒点。病菌最适温度在 18～25℃，空气相对湿度在 85% 以上易发病。连作地、植株长势弱、排水不良发病重。

防治上，实行 2～3 年轮作，最好实行水旱轮作。从无病株上选留种子，播种前用55℃恒温水浸种 15 分钟，捞出后放入冷水中冷却后播种。及时清除病株，深埋或烧毁。施足充分的腐熟有机肥，浇足底水。增施磷钾肥，提高抗病力。地膜覆盖，高畦栽培，膜下浇水，降低田间湿度，注意放风。

保护地内的棚架、农具在用前用福尔马林 20 倍液熏蒸 24 小时；定植前 7 天用福尔马林熏蒸消毒。发病初期喷药，常用农药有 40% 福星乳油 8000 倍液，75% 百菌清可湿性粉剂 600 倍液，50% 混杀硫悬浮剂 500～600 倍液。每隔 3～4 天后再防一次。

215 黄瓜叶烧病有什么特点？如何防治？（视频 27）

黄瓜叶烧是近年保护地新出现的生理性病害，棚室发生较多。

叶烧多发生在植株中上部叶片上，接近或接触棚膜的叶片，易发病。发病初期病部的叶绿素明显减少，叶面出现小的白色斑块，形状不规则或呈多角形，扩大后呈白色至黄白色斑块；轻的仅叶缘烧焦，重的叶片大面积烧伤。病部正常情况下没有病症，后期可能有交链孢等腐生菌腐生。

防治上，选用耐热品种。加强棚室管理，超过黄瓜生长发育正常温度，要立即通风降温。如阳光照射过强，棚室内外温差大不便放风时，可采用放铺席或使用遮阳网遮荫，有条件的采用反光幕。棚底温度过高，湿度低时应少量洒水或喷冷水雾进行临时降温。

黄瓜生理病害是不良的环境或是因为不正确的管理，引起黄瓜生长异常的现象。

216 黄瓜为什么会出现僵苗？怎样预防？

发病时幼苗生长发育受到过度抑制，表现为幼苗矮小，叶片小、薄，颜色淡，茎细，根小，新根发生少，花芽分化不正常，开花少，定植后易出现花打顶现象。

黄瓜僵苗是由于温度太低，长期阴天，苗期水分供应不足，养分缺乏，生长控制过分引起的。

防治上，注意日光温室大棚的温度管理，晴天棚室通风的温度不开放风口。播种前 3～5 天育苗畦或营养钵一定要浇足、浇透。要施足腐熟有机肥，使幼苗快速生长，形成壮苗。

217 黄瓜为什么会出现沤根？怎样预防？

发病时幼苗或成株根部不发新根或不定根，根皮发锈后腐烂，容易拔起，一捋皮层就脱落，引起地上部萎蔫，地上部叶缘枯焦。严重时成片干枯。

黄瓜发生沤根主要是由于浇水不当，浇水时浇水量太大；地温或气温过低，蒸发慢；通风不好；土壤黏重，质地差等原因引起的。

防治上，避免苗床地温过低或过湿，苗床温度控制 16℃ 左右，一般不宜低于 12℃，使幼苗茁壮生长。床土要疏松，平整，播种时一次浇足底水，以后适当控水，防止苗床过湿。要增加光照。适时适量放风。发生轻微沤根后，要及时松土，提高地温，待新根长出后，再转入正常管理。

218 黄瓜苗期徒长是什么原因？怎样预防？

黄瓜徒长是育苗期常发生的现象，表现为：幼苗纤细，节间长，叶片大；叶薄，色稍淡，叶柄和茎柔嫩，易折，根系发育不良，根条数少，根小。这类苗容易受病虫侵染，抗冻、抗热性弱，花分化少，易化瓜，定植后成活率低。

发生黄瓜苗期徒长原因是由于温度过高，放风不及时；光照不足，特别是阴雨天多或草苫晚揭早盖；夜温高，水分多，密度过大；基肥或营养土氮肥过多。

防治上，温度达到32℃时一定要放风；增加光照，对草苫要早揭晚盖或在棚中增加反光幕；当下午棚温达到24℃时再关闭棚门窗，注意放脚风。平衡施肥，增施有机肥，注意氮磷钾的配合，要稳氮、增磷、补钾，施微肥。浇水不可太多、太勤。扩大株距行距，要间苗和分苗，适当稀植，育苗时最好采取营养钵单株育苗。喷洒50毫克/升的多效唑控制生长。

219 黄瓜沿叶脉出现许多小褐色斑是什么原因？怎样预防？

保护早春栽培的黄瓜易出现褐色小斑症，多在真叶展开14～15片后，在中下部的叶片上发生。发病叶片先是在大叶脉边出现白色至褐色的条斑，发生早期条斑受叶脉限制而不连片，条斑紧靠大叶脉。条斑处叶肉坏死，大叶脉的叶肉上还有零星的褐色斑点。叶片背面的叶片条斑对应位置呈白色。

发病的原因一是锰过剩症引起的叶脉褐变。二是低温多肥引起的生理障碍。

防治上，选用喜短日照且耐低温、耐弱光的品种；调整土壤的酸碱度为中性；施用充分腐熟的农家肥，增施钙肥。黄瓜定植后，注意增温保温，适量浇水，土壤不能过干过湿。

220 怎样解决温室黄瓜高温障碍？

温室栽培黄瓜4月份以后，随着气温逐渐升高，如果放风不及时或通风不畅的情况下，棚内温度有时可高达40～50℃，有时午后可高达50℃以上，对黄瓜生长发育造成危害，轻者植株小叶萎蔫停止生长，重者整个植株叶片萎蔫，对黄瓜产量及质量产生很大影响。

在幼苗期遇高温时，幼苗出现徒长现象，子叶小，下垂，有时还会出现花打顶；成苗期遇高温，叶色浅，叶片大而薄，不舒展，节间伸长或徒长；成株期受害时，叶片上先出现1～2毫米近圆形至椭圆形褪绿斑点，后逐渐扩大，3～4天后整株叶片的叶肉和叶脉自上而下均变为黄绿色，植株上部发病严重，严重时植株停止生长。当棚室气温达48℃时，短时间内会导致黄瓜的生长点附近小叶萎蔫，叶缘变黑。时间较长时，整株叶片萎蔫，如水烫状。

防治上，加强通风换气。黄瓜各个阶段都有它合适的温度。育苗时，床内温度白天应保持25～30℃，夜间在16～18℃；80%的幼苗出土后，温度须及时降低，白天20～25℃，夜间14～16℃；定植后，缓苗期白天温度达30～35℃，夜间不低于18～16℃；缓苗后白天使室温达到30℃左右，夜间达16～14℃；结瓜期，白天使棚温保持在28～30℃，夜间控制在16～18℃，相对湿度低于85%。在生产上应随时看温度表，掌握温度的变化情况，温度稍高时通过温室的门及通风口来通风降温，如果温度仍居高不下，这时要把南侧的底边揭开，使棚温降下来，同时要注意浇水，最好在上午8:00～10:00进行，晚上或阴天不要浇水，同时注意水温与地温差应在5℃以下。

黄瓜生育适期相对湿度为85%左右。温室相对湿度高于85%时应通风降湿；傍晚气温18～20℃时，通风1小时，降低夜间湿度，防止“徒长”，避免产生高温障碍。

由于温度偏高，造成植株徒长，在生产上可促使植株坐瓜来抑制其徒长，以免形成生长过旺局面。为此，可用保果灵激素100倍液喷花或蘸花，既可促进早熟增产又可防止徒长。

适当增施磷、钾肥，也可喷施多元复合有机活性液肥或磷酸二氢钾0.2%溶液或0.1%的尿素溶液作根外追肥2～3次，可有效提高植株的抗热能力。

遇有持续高温或大气干旱，温室黄瓜蒸发量大，呼吸作用旺盛，消耗水分多，持续时间长就会出现打蔫等现象，这时要适当增加浇水次数，浇水要一次浇透，隔两天再浇一次，使秧苗充分吸足水分。

221 保护地黄瓜出现异常长相怎样矫正？

节间、叶柄过长 主要是高温高湿引起的徒长。适当控水控肥，加大通风量，减湿降温。

叶片萎蔫 果实膨大期，下部叶片萎蔫，一般是叶片越老萎蔫越早。主要是水分不足引起的。在盛瓜期必须保持水的充足供给，并适当地进行中耕松土。

植株矮小，叶呈黄绿色，叶小而薄，下叶老化，落叶早 主要是氮素不足，叶绿素含量减少，光合作用产物不足造成的。矫正措施，应在施足底肥基础上，立即进行追肥；并根据少量多次原则适当增加追肥的量和次数。

叶色浓绿，叶片增厚 主要是于夜间，特别是日落后温度过低，不能将白天制造的光合产物及时转运出去，而积聚在叶内造成的。矫正措施：提高室温，加强夜间保温措施。

植株矮化，节间短，尤以顶端附近最明显，幼叶小，叶片向上卷曲；严重时这些叶片从边缘向内干枯 主要原因：由于土壤的酸度过高（pH≤5.5），土壤中缺乏钙素；室温高，土壤干燥，或土壤溶液中总盐浓度过高等使植株缺钙或钙的吸收受阻引起的。矫正措施：针对病因有针对性地采取措施改良土壤，加强温度和水分管理，叶面喷施钙剂等。

卷须呈弧状下垂，特别是连阴天放晴后 原因是水分不足，如果是连阴天，则由于根系吸收的能力较弱，放晴后，水分吸收跟不上光合作用及蒸腾的速度，造成的生理干旱。矫正措施：立即加强水分管理。如果连阴天放晴后，需进行叶面喷水进行补救。

卷须直立 主要是水分过多。矫正措施：在保温基础上，及时放风，加强中耕，降低土壤湿度。

卷须细而短或先端卷起 主要是植株营养不良或已经老化。矫正措施：加强肥水管理，特别是盛果期一定要供给充分的肥水，也可以疏去一部分弱花或弱果，防止造成结果不良，影响产量。

雌花淡黄，短小，弯曲，横向开放，甚至向上开放 主要是缺乏钾，使光合作用产物向花的运输受阻；或土温过低及土壤板结等原因使根部功能降低，导致生长势衰弱引起的。矫正措施：及时加强钾肥管理，相应改善土壤温度、湿度，进行中耕松土，加强土壤通透性。

开花到顶 即开花部位距生长点很近。主要原因：水肥条件较差或定植过龄的老苗、僵苗，是营养生长过弱的标志。矫正措施：加强水肥管理，特别是氮和磷的充足供给，促进营养生长，扩大叶面积，必要时，可适当除去部分雌花，减少部分植株负担。

在盛瓜期，花器发育不良，子房变小，有的在开花前凋萎，有的在开花后脱落，造成结果不良 主要原因：土壤含水量偏低，或氮、磷、钾的供应不足，导致植株营养生长受阻引起的。矫正措施：在盛瓜期要注意加强肥水管理，特别是要平衡施肥。

222 怎样识别瓜蚜？发生有什么特点？如何防治？

瓜蚜是保护地中一种重要的害虫，影响产量和质量。

瓜蚜有以下几种形态。①无翅胎生雌蚜，体长1.5～1.9毫米，体色在春秋两季温度较低时为深绿色，体形稍大，夏季高温为淡绿色，体形较小，体表常有霉状薄蜡粉。腹部黑色或青色，较短，呈圆筒状，基部略宽。尾片黑色，乳头状。②无翅胎生雄蚜，体长1.2～1.9毫米，黄色、浅绿色或深绿色。有翅2对。头胸大部为黑色，腹部两侧有3～4对黑斑，触角短于身体，腹管、尾片同无翅胎生雌蚜。③若蚜。共4龄，体长0.5～1.4毫米，形如成蚜，复眼红色，体被蜡粉，有翅若蚜2龄现翅蚜。④雄蚜。体长1.3～1.9毫米，狭长卵形，有翅，绿色、灰黄色或赤褐色。⑤有翅性母蚜。有翅、体黑色、腹部腹面微带绿色。⑥产卵雌蚜。有翅，体长1.4毫米，草绿色，透过表皮可看到腹中的卵。⑦干母。体长1.6毫米，卵圆形，暗绿色至黑绿色，无翅。

瓜蚜以成虫和若虫多群集在叶背、嫩茎和嫩梢刺吸汁液。引起嫩叶卷缩，生长点枯死，瓜苗萎蔫，严重时在瓜苗期能造成整株枯死。成长叶受害，干枯死亡。瓜蚜排泄的“蜜露”污染叶面，还可引起煤烟病，影响光合作用。更重要的是可传播病毒病，能引起植株出现花叶、畸形、矮化等症状，受害株早衰，造成更大损失。

有翅蚜对黄色、橙黄色有较强的趋性。利用银灰色对蚜虫有驱避作用。一年发生多代，常以成蚜、若蚜在日光温室内蔬菜上繁殖。瓜蚜繁殖能力强，早春晚秋10天左右1代，夏天4～6天1代。繁殖的适温为16～22℃。干旱或暑热期间，小雨或阴天气温下降，对种群繁殖有利，种群数量迅速增多。由于冬季保护地的兴起，瓜蚜可终年辗转于保护地和露地之间繁殖危害，而不越冬。

防治上，要经常清除田间杂草，彻底清除瓜类、蔬菜残株病叶等。保护地可采取高温闷棚法，方法是在收获完毕后不急于拉秧，先用塑料膜将棚室密闭3～5天，消灭棚室中的虫源，避免向露地扩散，也可以避免下茬受到蚜虫危害。可以利用有翅蚜对黄色、橙黄色有较强的趋性诱杀成虫。

傍晚密封棚室，每亩用灭蚜粉65克，用手摇喷粉器喷施。喷粉管对准植株上空，左右匀速摆动，不可对准植株喷施，也不需进入中间行道喷。如阴雨天任何时间都可以喷药，晴天则早晚进行。最后人退出门外，关闭棚门。每亩用10%杀瓜蚜烟雾剂35克，或22%敌敌畏烟雾剂20克，或10%氰戊菊酯烟雾剂35克。将烟雾剂均匀分成4~5堆摆放在畦埂上，傍晚盖草苫后用暗火点燃，人退出大棚，关好门。次日清晨通风后方可进入。

223 怎样识别温室白粉虱？发生有什么特点？如何防治？（视频28）

温室白粉虱又称小白蛾子，在蔬菜保护地栽培中危害日益严重。

温室白粉虱成虫体长0.8~1.4毫米。淡黄白色到白色，雌雄均有翅，翅面覆有白色蜡粉，停息时双翅在体上合成屋脊状，翅端半圆状，遮住整个腹部。以成虫和若虫群集在叶片背面，口器刺入叶肉，吸取植物汁液，造成叶片褪绿枯萎，果实畸形僵化，引起植株早衰，造成减产。繁殖力强，繁殖速度快，种群数量大，群聚危害，能分泌大量蜜液，严重污染叶片和果实。

白粉虱的成虫有趋嫩性，成虫总是随着植株的生长不断追逐顶部嫩叶产卵。白粉虱卵以卵柄从气孔插入叶片组织中，与植株植物保持水分平衡，极不易脱落。每年可发生多代，冬季在室外不能存活，以各虫态在日光温室越冬并继续危害。粉虱繁殖的适宜温度为18~21℃，在日光温室条件下约1个月完成1代。

蔬菜收获后，及时清除日光温室内残枝败叶及杂草，深翻土地，灌水浸泡。合理安排茬口，切断害虫食物链，棚室第一茬应先选择一些非寄主性或劣寄主性的蔬菜如菠菜、茼蒿、甘蓝等，使害虫因缺乏寄主或营养不良，发生量受到抑制。种植不带虫、卵的幼苗，幼苗移入日光温室前先消灭苗上所带的虫源。结合作物的整枝修剪，将带有大量虫卵的老叶老枝在蛹羽化前及时剪除，清理出日光温室。

利用成虫的强趋黄性，在田间设置黄色黏板诱集成虫。

扣棚后，将棚的门、窗全部密闭，用35%的蚜虱净烟雾剂熏蒸大棚，也可用灭蚜灵、敌敌畏熏蒸，消灭迁入棚室内越冬的成虫。当被害植物叶片背面平均有10头成虫时，进行喷雾防治。可选用25%的扑虱灵可湿性粉剂2500倍喷雾，每隔5天喷一次，连喷2次。用10%吡虫啉可湿性粉剂1000倍喷洒叶面，对成虫和若虫有胃毒和触杀作用，可长时间防止危害。用0.3%的印楝素乳油1000倍，每隔3天喷一次，连喷3次，既可杀灭成虫，对天敌又无害，对环境也安全。用5%阿克泰水分散粒剂5000~7500倍液均匀叶面喷雾。

224 怎样识别烟粉虱？发生有什么特点？如何防治？（视频28）

烟粉虱又称棉粉虱、甘薯粉虱，是一种食性杂、分布广的小型害虫，在保护地中发生普遍。

烟粉虱有近10种生物型，其中以A、B型常见。个体发育经卵、若虫、拟蛹、成虫4个阶段。成虫体长1毫米左右，翅白色，腹部黄色。静止时两翅略呈“八”字形，从上方可见黄色的腹部。拟蛹淡绿至黄色，体缘自然倾斜，无蜡丝，被寄生后成为黄褐色至深褐色。卵长椭圆形。成虫在幼嫩叶上产卵，卵多产于叶背，无规则排列，上覆盖有蜡粉，肉眼较难分辨。

烟粉虱以成虫和若虫吸食寄主植物叶片的汁液，造成被害叶褪绿，变黄，甚至全株枯死，严重影响产量。此外，烟粉虱还分泌大量蜜露，堆积于叶面和果实上，引起煤污病，降低商品价值。成虫卵产在植株的嫩叶上，烟粉虱卵以卵柄从气孔插入叶片组织中，与寄主植物保持水分平衡，极不易脱落。繁殖能力强，繁殖速度快，9~10月份20~25天可完成1代。烟粉虱在日光温室可发生10余代，以各个虫态在日光温室蔬菜上越冬危害，第二年转向大棚及露地蔬菜上，成为初始虫源。在瓜类、豆类和茄类作物上危害较重。

防治上，要培育“无虫苗”，可以显著地抑制烟粉虱的数量，减轻危害。发生烟粉虱的菜园，要清除残株落叶，消灭虫源。宜采用黏板诱杀成虫的方法加以控制，以保护天敌。方法可参考温室白粉虱的防治方法。

药剂防治的策略“抓两头、控中间，治上代、压下代”。可用20%扑虱灵可湿性粉剂1500倍液、2.5%三氟氯氰菊酯乳油2000~3000倍液、20%甲氰菊酯乳油2000倍液、10%吡虫啉可湿性粉剂1500倍液喷雾防治。由于同一时期有3种虫态，目前还没有对各种虫态均有效的药剂，因此需连续用药，同时应在同一片菜园采取联防联治，提高总体防治效果。

225 怎样识别美洲斑潜蝇？发生有什么特点？如何防治？（视频28）

美洲斑潜蝇又称蔬菜斑潜蝇，危害多种蔬菜，其中以黄瓜、菜豆等受害最重。

美洲斑潜蝇成虫为2毫米大小，背部黑色并有1黄黑色亮点。成虫吸食叶片汁液，将卵产于寄主植物的叶表皮内，在适宜条件下经3~5天孵化成幼虫。幼虫为无头蛆，白色至浅黄色，长3毫米左右，呈椭圆形。幼虫在叶片组织内取食，形成弯曲状蛇形蛀道。幼虫老熟后从蛀道顶端咬破钻出，在叶片上或滚落在土壤中化蛹。

幼虫在蔬菜叶片内取食叶肉，使叶片布满“蛇形”蛀道。雌成虫刺伤叶片取食和产卵。受害后叶片逐渐萎蔫，上下表皮分离、枯落，最后全株死亡。雌虫把卵产在部分伤孔表皮下，末龄幼虫咬破叶表皮在叶外或土表下化蛹。日光温室的温度、湿度适宜美洲斑潜蝇的生长发育条件，因此该虫繁殖快，且又世代重叠严重。

有条件的地方，实行水旱轮作，采取菜—稻—菜的耕作制度，能有效降低该虫种群密度。适当稀植，增加田间的通透性。收获后，要及时清洁田园。根据美洲斑潜蝇化蛹一般都在7厘米以内的土表层中，特别是在0~3厘米土表层中的特点，在播种和整地时，深翻土壤，起垄开沟，将蛹埋入土壤下层，使其不能羽化出土，而达到杀蛹的作用。

在成虫始盛期至盛末期，每亩设置15个诱杀点，每个点放置1张诱蝇纸，诱杀成虫，每隔3~4天更换一次。利用成虫对黄色有较强趋色性这一特点，在黄板上涂凡士林和林丹粉的混合物，诱杀成虫。

幼虫3龄前，每亩用48%乐斯本乳油50毫升，加水20~50升喷雾；在危害期间，每亩用50%灭蝇胺可湿性粉剂7克，加水20~50升喷雾。可选用的药剂还有20%斑潜净乳剂1500倍液，1.8%爱福丁2000~2500倍液，40%绿菜宝1000~1500倍液，采取喷雾防治。喷药时要力求均匀，使药剂充分渗透叶片，杀死幼虫。同时，要特别注意轮换、交替用药，以免害虫产生抗药性。

226 怎样识别瓜绢螟？发生有什么特点？如何防治？（视频28）

瓜绢螟又称瓜螟、瓜绢野螟、棉螟蛾、印度瓜野螟，各地均有发生，是危害瓜类的主要害虫。

瓜绢螟最明显的特征是，成虫翅面白色带丝绢般闪光。瓜绢螟头部及胸部浓墨褐色，翅白色半透明，闪金属紫光。瓜绢螟幼虫分为5龄，老熟幼虫体长23~26毫米，头部前胸背板淡褐色，胸腹部草绿色，亚背线呈两条较宽的乳白色纵带，气门黑色。

初孵幼虫危害叶片时，先取食叶片下表皮及叶肉，仅留上表皮；虫龄增大后将叶片吃成缺刻，仅留叶脉，虫量大时可将整片瓜地叶片吃光。幼虫初孵化时首先取食叶片背面的嫩肉，被食害的叶片有灰白色斑；2 龄幼虫开始吐丝缀连半边叶子危害，取食叶肉，留下叶背表皮，呈现小白点网眼。幼虫长大到 3 龄以后能吐丝把全叶连缀或 2 ~ 3 片叶子成大叶苞。夏季温度较高时历期较短，冬季温度低时历期则明显较长。在条件适宜时虫量增殖快，易暴发成灾，几天内瓜园可遭受毁灭性的危害。

防治上，及时清理黄瓜地，消灭藏匿于枯藤落叶中的虫蛹。在幼虫发生初期，及时摘除卷叶，以消灭部分幼虫。调整耕作制度，实行水旱轮作，但要避开与葫芦科、茄科作物轮作。

重点选择 1 ~ 3 龄幼虫期施药。幼虫盛发期，可选用 0.5% 阿维菌素乳油 2000 倍液，5% 锐劲特悬浮剂 3000 倍液，克特灵可湿性粉剂 500 倍液，每隔 7 ~ 10 天喷施一次，连用 2 ~ 3 次。即将上市的瓜果可使用 Bt 制剂进行防治。

附录：中华人民共和国农业行业标准 NY/T5075—2002 无公害食品 黄瓜生产技术规程

1 范围

本标准规定了无公害食品黄瓜的产地环境要求和生产管理措施。

本标准适用于无公害食品黄瓜生产。

2 规范性引用文件

下列文件中的条款通过本标准的引用而成为本标准的条款。凡是注日期的引用文件，其随后所有的修改单（不包括勘误的内容）或修订版均不适用于本标准，然而，鼓励根据本标准达成协议的各方研究是否可使用这些文件的最新版本。

GB4285 农药安全使用标准

GB/T8321（所有部分）农药合理使用准则

NY5010 无公害食品 蔬菜产地环境条件

3 产地环境

应符号 NY5010 的规定，选择地势高燥，排灌方便，土层深厚、疏松、肥沃的地块。

4 生产技术管理

4.1 保护设施。包括日光温室、塑料棚、连栋温室、改良阳畦、温床等。

4.2 多层保温。棚室内外增设的二层以上覆盖保温措施。

4.3 栽培季节的划分

4.3.1 早春栽培。深冬定植、早春上市。

4.3.2 秋冬栽培。秋季定植、初冬上市。

4.3.3 冬春栽培。秋末定值，春节前上市。

4.3.4 春提早栽培。终霜前30天左右定植，初夏上市。

4.3.5 秋延后栽培。夏末初秋定植，9月末10月初上市。

4.3.6 长季节栽培。采收期8个月以上。

4.3.7 春夏栽培。晚霜结束后定植，夏季上市。

4.3.8 夏秋栽培。夏季育苗定植，秋季上市。

4.4 品种选择

选择抗病、优质、高产、商品性好、适合市场需求的品种。冬春、早春、春提早栽培选择耐低温弱光、对病害多抗的品种；春夏、夏秋、秋冬、秋延后栽培选择高抗病毒病、耐热的品种；长季节栽培选择高抗、多抗病害，抗逆性好，连续结果能力强的品种。

4.5 育苗

4.5.1 育苗设施选择。根据季节不同选用温室、塑料棚、阳畦、温床等育苗设施，夏秋季育苗应配有防虫、遮阳设施。有条件的可采用穴盘育苗和工厂化育苗，并对育苗设施进行消毒处理，创造适合秧苗生长发育的环境条件。

4.5.2 营养土配制

4.5.2.1 营养土要求：pH5.5~7.5，有机质2.5%~3%，有效磷20~40毫克/千克，速效钾100~140毫克/千克，碱解氮120~150毫克/千克。孔隙度约60%，土壤疏松，保肥保水性能良好。配制好的营养土均匀铺于播种床上，厚度10厘米。

4.5.2.2 工厂化穴盘或营养钵育苗营养土配方：2份草炭加1份蛭石，以及适量的腐熟农家肥。

4.5.2.3 普通苗床或营养钵育苗营养土配方：选用无病虫源的田土占1/3、炉灰渣（或腐熟马粪，或草炭土，或草木炭）占1/3，腐熟农家肥占1/3。不宜使用未充分发酵的农家肥。

4.5.3 育苗床土消毒。按照种植计划准备足够的播种床。每平方米播种床用福尔马林30~50毫升，加水3升，喷洒床土，用塑料薄膜闷盖3天后揭膜，待气体散尽后播种。或72.2%霜霉威水剂400倍液；或按每平方米苗床用15~30毫克药土作床面消毒。方法：用8~10克50%多菌灵与50%福美双混合剂（按1:1混合），与15~30千克细土混合均匀撒在床面。

4.5.4 种子处理

4.5.4.1　药剂浸种。用50%多菌灵可湿性粉剂500倍液浸种1小时，或用福尔马林300倍液浸种1.5小时，捞出洗净催芽可防治枯萎病、黑星病。

4.5.4.2　温汤浸种。将种子用55℃的温水浸种20分钟，用清水冲净黏液后晾干再催芽（防治黑星病、炭疽病、病毒病、菌核病）。

4.5.5　催芽。消毒后的种子浸泡4~6小时后捞出洗净，置于28℃催芽。包衣种子直播即可。

4.5.6　播种期。根据栽培季节、育苗手段和壮苗指标选择适宜的播种期。

4.5.7　种子质量。种子纯度≥95%，净度≥98%，发芽率≥95%，水分≤8%。

4.5.8　播种量。根据定植密度，每亩栽培面积育苗用种量100~150克，直播用种量200~300克。每平方米播种床播25~30克。

4.5.9　播种方法。播种前浇足底水，湿润至深10厘米。水渗下后用营养土找平床面。种子70%破嘴均匀撒播，覆盖营养土1.0~1.5厘米。每平方米苗床再用50%多菌灵8克，拌上细土均匀撒于床面上，防治猝倒病。冬春播种育苗床面上覆盖地膜，夏秋床面覆盖遮阳网或稻草，70%幼苗顶土时撤除床面覆盖物。

4.5.10　苗期管理

4.5.10.1　温度：夏秋育苗主要靠遮阳降温。冬春育苗温度管理见表1。

表1　苗期温度调节表

时期	白天适宜温度/℃	夜间适宜温度/℃	最低夜温/℃
播种至出土	25~30	16~18	15
出土至分苗	20~25	14~16	12
分苗或嫁接后至缓苗	28~30	16~18	13
缓苗后到炼苗	25~28	14~16	13
定植前5~7	20~23	10~12	10

4.5.10.2　光照：冬春育苗采用反光幕或补光设施等增加光照；夏秋

育苗要适当遮光降温。

4.5.10.3 水肥：分苗时水要浇足，以后视育苗季节和墒情适当浇水。苗期以控水控肥为主。在秧苗3~4叶时，可结合苗情追0.3%尿素。

4.5.10.4 其他管理

4.5.10.4.1 种子拱土时撒一层过筛床土加快种壳脱落。

4.5.10.4.2 分苗：当苗子叶展平，真叶显现，按株行距10厘米分苗。最好采用直径10厘米营养钵分苗。

4.5.10.4.3 扩大营养面积：秧苗2~3叶时加大苗距。

4.5.10.4.4 炼苗：冬春育苗，定植前1周，白天20~23℃，夜间10~12℃。夏秋育苗逐渐撤去遮阳网，适当控制水分。

4.5.10.5 嫁接

4.5.10.5.1 嫁接方法：靠接法，黄瓜比南瓜早播种2~3天，在黄瓜有真叶显露时嫁接。插接，南瓜比黄瓜早播种3~4天。在南瓜子叶展平有第1片真叶，黄瓜两子叶一心时嫁接。

4.5.10.5.2 嫁接苗的管理：将嫁接苗栽入直径10厘米的营养钵中，覆盖小拱棚避光2~3天，提高温湿度，以利伤口愈合。7~10天接穗长出新叶后撤掉小拱棚，靠接要断接穗根。其他管理参见4.5.10.1~4.5.10.4。

4.5.10.6 壮苗的标准：子叶完好、茎基粗、叶色浓绿，无病虫害。冬春育苗，株高15厘米左右，5~6片叶。夏秋育苗，2~3片叶，株高15厘米左右，苗龄20天左右。长季节栽培根据栽培季节选择适宜的秧苗。

4.6 定植前准备

4.6.1 整地施基肥。根据土壤肥力和目标产量确定施肥总量。磷肥全部作基肥，钾肥2/3做基肥，氮肥1/3做基肥。基肥以优质农家肥为主，2/3撒施，1/3沟施，按照当地种植习惯做畦。

4.6.2 棚室消毒。棚室在定植前要进行消毒，每亩设施用80%敌敌畏乳油250克拌上锯末，与2000~3000克硫磺粉混合，分10处点燃，密闭一昼夜，放风后无味时定植。

4.7 定植

4.7.1 定植时间。10厘米最低土温稳定通过12℃后定植。

4.7.2 定植方法及密度。采用大小行栽培，覆盖地膜。根据品种特性、气候条件及栽培习惯，一般每亩定植3000～4000株，长季节大型温室、大棚栽培亩定植1800～2000株。

4.8 田间管理

4.8.1 温度

4.8.1.1 缓苗期：白天28～30℃，晚上不低于18℃。

4.8.1.2 缓苗后采用四段变温管理：8～14时，25～30℃；14～17时，25～20℃；17～24时，15～20℃；24时至日出，15～10℃。地温保持15～25℃。

4.8.2 光照。采用透光性好的耐候功能膜，保持膜面清洁，白天揭开保温覆盖物，日光温室后部张挂反光幕，尽量增加光照强度和时间。夏秋季节适当遮阳降温。

4.8.3 空气湿度。根据黄瓜不同生育阶段对湿度的要求和控制病害的需要，最佳空气相对湿度的调控指标是缓苗期80%～90%、开花结瓜期70%～85%。生产上要通过地面覆盖、滴灌或暗灌、通风排湿、温度调控等措施控制在最佳指标范围。

4.8.4 二氧化碳。冬春季节补充二氧化碳，使设施内的浓度达到800～1000毫克/千克。

4.8.5 肥水管理

4.8.5.1 采用膜下滴灌或暗灌。定植后及时浇水，3～5天后浇缓苗水，根瓜坐住后，结束蹲苗，浇水追肥，冬春季节不浇明水，土壤相对湿度保持60%～70%，夏秋季节保持在75%～85%。

4.8.5.2 根据黄瓜长相和生育期长短，按照平衡施肥要求施肥，适时追施氮肥和钾肥。同时，应有针对性地喷施微量元素肥料，根据需要可喷施叶面肥防早衰。

4.8.5.3 不允许使用的肥料：在生产中不应使用未经无害化处理和重金属元素含量超标的城市垃圾、污泥和有机肥。

4.8.6 植株调整

4.8.6.1 吊蔓或插架绑蔓：用尼龙绳吊蔓或用细竹竿插架绑蔓。

4.8.6.2　摘心、打底叶：主蔓结瓜，侧枝留一瓜一叶摘心。25～30片叶时摘心，长季节栽培不摘心，采用落蔓方式。病叶、老叶、畸形瓜要及时打掉。

4.8.7　及时采收。适时早采摘根瓜，防止坠秧。及时分批采收，减轻植株负担，以确保商品果品质，促进后期果实膨大。产品质量应符合无公害食品要求。

4.8.8　清洁田园。将残枝败叶和杂草清理干净，集中进行无害化处理，保持田间清洁。

4.8.9　病虫害防治

4.8.9.1　主要病虫害

4.8.9.1.1　苗期主要病虫害：猝倒病、立枯病、蚜虫。

4.8.9.1.2　田间主要病虫害：霜霉病、细菌性角斑病、炭疽病、黑星病、白粉病、疫病、枯萎病、蔓枯病、灰霉病、菌核病、病毒病、蚜虫、白粉虱、烟粉虱、根结线虫、茶黄螨、潜叶蝇。

4.8.9.2　防治原则。按照"预防为主，综合防治"的植保方针，坚持以"农业防治、物理防治、生物防治为主，化学防治为辅"的无害化治理原则。

4.8.9.3　农业防治

4.8.9.3.1　抗病品种：针对当地主要病虫控制对象，选用高抗多抗的品种。

4.8.9.3.2　创造适宜的生育环境条件：培育适龄壮苗，提高抗逆性；控制好温度和空气湿度，适宜的肥水，充足的光照和二氧化碳，通过放风和辅助加温，调节不同生育时期的适宜温度，避免低温和高温障害；深沟高畦，严防积水，清洁田园，做到有利于植株生长发育，避免侵染性病害发生。

4.8.9.3.3　耕作改制：与非瓜类作物轮作3年以上。有条件的地区实行水旱轮作。

4.8.9.3.4　科学施肥：测土平衡施肥，增施充分腐熟的有机肥，少施化肥，防止土壤盐渍化。

4.8.9.4　物理防治

4.8.9.4.1 设施防护：在放风口用防虫网封闭，夏季覆盖塑料薄膜、防虫网和遮阳网，进行避雨、遮阳、防虫栽培，减轻病虫害的发生。

4.8.9.4.2 黄板诱杀：设施内悬挂黄板诱杀蚜虫等害虫。黄板规格25厘米×40厘米，每亩悬挂30~40块。

4.8.9.4.3 银灰膜驱避蚜虫：铺银灰色地膜或张挂银灰膜膜条避蚜。

4.8.9.4.4 高温消毒：棚室在夏季宜利用太阳能进行土壤高温消毒处理。

高温闷棚防治黄瓜霜霉病：选晴天上午，浇一次大水后封闭棚室，将棚温提高到46~48℃，持续2小时，然后从顶部慢慢加大放风口，缓缓使室温下降。以后如需要每隔15天闷棚一次。闷棚后加强肥水管理。

温汤浸种。

4.8.9.4.5 杀虫灯诱杀害虫：利用频振杀虫灯、黑光灯、高压汞灯、双波灯诱杀害虫。

4.8.9.5 生物防治

4.8.9.5.1 天敌：积极保护利用天敌，防治病虫害。

4.8.9.5.2 生物药剂：采用浏阳霉素、农抗120、印楝素、农用链霉素、新植霉素等生物农药防治病虫害。

4.8.9.6 主要病虫害的药剂防治

使用药剂防治应符合克B4285、克B/T8321（所有部分）的要求。保护地优先采用粉尘法、烟熏法。注意轮换用药，合理混用。严格控制农药安全间隔期。

4.8.9.7 不允许使用的剧毒、高毒农药：生产上不允许使用甲胺磷、甲基对硫磷、对硫磷、久效磷、磷胺、甲拌磷、甲基异柳磷、特丁硫磷、甲基硫环磷、治螟磷、内吸磷、克百威、涕灭威、灭线磷、硫环磷、蝇毒磷、地虫硫磷、氯唑磷、苯线磷等剧毒、高毒农药。

参考文献

[1] 中国农业科学院蔬菜所．中国蔬菜栽培学［M］．北京，农业出版社，1989
[2] 王建锋，李天来．设施土壤理化特性与黄瓜产量和品质的相关性分析［J］．沈阳农业大学学报，2006，37（1）；22～25
[3] 陈春宏，向邦银．大型温室黄瓜生长发育特性研究［J］．农业工程学报，2005，21（增刊）；189～193
[4] 王军，王健．我国常用塑料大棚类型［J］．农村实用工程技术．温室园艺，2005（6）；34～36
[5] 毛同艳，陈学峰．高效节能日光温室的类型、结构与建造［J］．中国农村小康科技，2005（7）；36～39
[6] 别之龙，朱进，黄远．黄瓜断根嫁接工厂化穴盘育苗技术［J］．中国蔬菜，2006（8）：48～49
[7] 赵建生，张京社．山西省日光温室越冬茬黄瓜生产技术规程［J］．山西农业，2006（15）；18～20
[8] 吴治国．塑料无公害大棚黄瓜春提早高产优质栽培技术［J］．中国果菜，2006（4）；9～10
[9] 艾民，何莉莉，陈晓磊．日光温室黄瓜秋冬茬高产栽培适宜密度的研究［J］．农村实用工程技术．温室园艺，2005（2）；18～21
[10] 石晓华，王冰寒，张洪举．长春地区保护地黄瓜春茬模式化高产栽培技术［J］．吉林农业科学，2006，31（5）；28～30
[11] 孙洪光，刘桂红，乔永久等．早春大棚黄瓜与秋延后番茄配套栽培技术［J］．天津农林科技，2004（6）；9～10
[12] 吕卫光，赵京音，田吉林等．上海市现代化温室黄瓜规范化栽培技术［J］．中国果菜，2004（6）；21～22

[13] 冯杰明，冯宝军．冬季水果黄瓜日光温室高产栽培技术［J］．北京农业 2006（4）；8 ~ 9

[14] 尤彩霞，陈清，张福墁等．有机肥对日光温室黄瓜产量和品质影响研究［J］．北方园艺 2005（5）：48 ~ 49

[15] 安丽君．温室黄瓜落蔓需注意的几个问题［J］．长江蔬菜，2005（11）；31

[16] 曹之富，曹玲玲．日光温室水果型黄瓜有机栽培技术［J］．中国蔬菜，2006（8）：42 ~ 43

[17] 陈志杰，张淑莲，张锋．温室黄瓜病虫害化学防治现状及其无公害防治对策［J］．中国生态农业学报，2006（2）；141 ~ 142

[18] 杨建霞．日光温室黄瓜连作障碍研究及防治对策［J］．甘肃农业，2005（11）；209

[19] 陈志杰，张锋，张淑莲等．温室黄瓜土传病害流行因素及环境友好型防治技术对策［J］．农业环境科学学报 2006，25（增刊）；697 ~ 700

[20] 侯茂林，卢伟，文吉辉．黄色黏虫板对温室黄瓜烟粉虱成虫的诱集作用和控制效果［J］．中国农业科学，2006，39（9）：1934 ~ 1939

33	《甘蓝亩产5000元关键技术问答》	定价15元
34	《生姜高产关键技术问答》	定价15元
35	《芦笋无公害栽培关键技术问答》	定价15元
36	《南美白对虾高效益养殖关键技术问答》	定价15元
37	《无公害河虾高效益养殖关键技术问答》	定价15元
38	《林蛙高效益养殖诀窍关键技术问答》	定价10元
39	《无公害养蜂及蜂产品生产关键技术问答》	定价15元
40	《快速养猪关键技术问答》	定价10元
41	《猪病诊断和防治关键技术问答》	定价10元
42	《肉牛快速养殖关键技术问答》	定价15元
43	《奶牛无公害高产养殖关键技术问答》	定价15元
44	《优质肉羊快速养殖关键技术问答》	定价10元
45	《肉兔快速养殖关键技术问答》	定价10元
46	《优质毛用兔养殖关键技术问答》	定价10元
47	《獭兔高效益养殖关键技术问答》	定价10元
48	《肉鸡高效益养殖关键技术问答 》	定价15元
49	《蛋鸡年产280枚蛋养殖关键技术问答》	定价10元
50	《土鸡高效益养殖关键技术问答》	定价10元
51	《鸡病诊断和防治关键技术问答》	定价10元
52	《优质肉鸭高效益养殖关键技术问答》	定价15元
53	《蛋鸭500日龄产300枚蛋养殖关键技术问答》	定价10元
54	《番鸭快速养殖关键技术问答》	定价10元
55	《鸭病诊断和防治关键技术问答》	定价10元
56	《鹅无公害高效益养殖关键技术问答》	定价10元
57	《鹌鹑快速养殖关键技术问答 》	定价10元
58	《优质甲鱼无公害养殖关键技术问答》	定价10元
59	《优质河蟹无公害养殖关键技术问答》	定价10元
60	《池塘无公害养鱼高效益关键技术问答》	定价10元
61	《棚室的建造及管理》	定价10元
62	《茶叶无公害高效益生产关键技术问答》	定价10元
63	《农家观光园经营高效益诀窍》	定价10元
64	《苗圃综合经营关键技术问答》	定价10元
65	《棚室蔬菜病虫害防治关键技术问答》	定价15元
66	《农药科学使用知识问答》	定价10元